100%
REAL KITCHEN
厨房是家的心脏

[日] 铃木尚子 编　魏夕然 译

目 录

序言

我想过轻松、美好又快乐的生活　　\iv

为自己量身打造一个厨房　　\vi

生活的一切从厨房开始　　\ix

　　专栏　惯用脑与生活管理　　\x

第 1 章
生活管理师的厨房风格

范本 1　一个全家人都喜欢来帮忙的厨房　　\2
　　　　要生活在让自己身心愉快的环境中　　\5
　　　　家里物品的多少取决于自身的管理能力　　\9
　　　　My Style　想要整洁舒适的空间和爱意满满的料理　　\11

范本 2　珍惜由厨房开始的每一天　　\12
　　　　厨房是人们聚集、交流和成长的地方　　\15
　　　　实现"令人着迷的收纳",库存管理轻松搞定　　\18
　　　　My Style　是时候把外婆和母亲的味道传授给女儿了　　\21

范本 3　打造一个大家可以聚在一起放松身心的空间　　\22
　　　　梦想一点点实现的开放式厨房　　\24
　　　　My Style　任何时候都要好好吃饭　　\29

i

范本 4 干净整洁的厨房里是满满的"小确幸" \30
忙于工作时更要享受健康的一日三餐 \32
My Style 想要工作和生活都变得充实！
只要厨房整洁，就没有不可能 \37

范本 5 我希望厨房是一个被喜欢的事物所包围的轻松空间 \38
一旦明确了持有物品的原则，生活就会变得更简单 \40
充满珍贵回忆的物品要不断地使用 \42
My Style 做饭时轻松，吃饭时才能更快乐 \47

范本 6 功能性厨房，让人身心自由、满面笑容 \48
厨房配置简单，家里的男士也爱上了下厨 \51
My Style 厨房是孩子成长过程中不可或缺的场所 \55

范本 7 一个赏心悦目、操作轻松便利的厨房 \56
放下心中的执着，轻松自在地生活 \59
My Style 我喜欢现在这种对自己和家人都好的生活方式 \63

第 2 章
厨房特别讲座

讲座 1 铃木尚子的厨房管理入门讲座 \66

讲座 2 森下纯子的厨房改造入门讲座 \76

讲座 3 木村由依的清洁扫除入门讲座 \82
专栏 从"浪费"到"刚刚好"的冰箱 \86

第 3 章
厨房生活小窍门

餐具　\88

各种锅和烹饪器具　\90

各种厨房工具　\92

保存容器　\94

食品　\96

冰箱　\98

招待与协助　\100

空间利用　\102

置物架　\104

厨房家电　\105

垃圾处理　\106

塑料袋和保鲜袋等　\110

杂物收纳　\112

菜谱等纸质资料　\113

好用的工具　\114

实用小妙招　\116

序 言

我想过轻松、美好又快乐的生活

我第一次听到"生活管理"（Life Organize）这个词是在 2009 年。那时的我家务做得一塌糊涂。作为一个在整理东西方面总是拖延的"拖延症患者"，我一直努力克服自己非常不擅长整理的问题，为此我花了好多年，付出了很多心力。

所谓"生活管理"，是一种基于美国专业整理师践行的整理收纳技巧，经改良后确立的适合普通人的日常生活管理体系。我得知有这个课程时，便立刻报名参加。在那里，我学到的并不是简单的断舍离，也不是单纯的收纳技巧。从某种层面来讲，它是一门非常朴素却又深奥的学问。

那就是——更好地了解自己。

"我想如何生活？"

"我想成为什么样的人？"

"我想和家人建立什么样的关系？"

这些问题似乎与整理收纳没有什么直接关联，但从这些问题开始，我们继续追问：

"我喜欢什么样的东西?"

"我想用它来做什么?"

通过不断地向自己提问,来找到真正的"自己"。

其实说到底,不知道自己想要什么,不知道自己的压力来自哪里,整理收纳的烦恼是不会解决的。即使读再多关于物品整理的书,模仿再多的人气家居博主,购买再多的收纳"神器",也打造不出一个让自己感到身心舒适的空间。只能是"收纳一时爽,真的就只是一时爽"。

"深入思考一下什么对自己来说是舒服的",这才是家居收纳,也是生活管理最大的诀窍。根据我自己的经验,以及作为一名生活管理师,在接触了许许多多的客户之后,我更加深信这一点。

当你明确自己的价值观,确立了自己的核心时,自然而然地,物品就会减少,生活方式也会变得简单。而你也就不需要那些小技巧了。

为自己量身打造一个厨房

在本书中，我会为大家介绍几位生活管理师，她们以自己独特的方式为自己和家庭打造了独一无二的厨房风格，收获了属于自己的恰到好处的生活。此外，本书还介绍了一些有助于整理收纳的小妙招。

没有人天生就擅长整理，这些生活管理师也是经过不断尝试，最终才找到让自己轻松、让家人舒服的整理收纳方式，从而成功打造出一个舒适的厨房空间。这个厨房不是"别人的时尚厨房"的复制品，也不是"我欣赏但无法实践的精致的样板间"，而是自己觉得舒服，让自己感到快乐的厨房。

在这样的厨房里，每天享受烹饪和打扫的乐趣，自己心情好，家人也开心。而且，效率提高了，节省下来的时间就可以用在自己喜欢的事情上了。

总之，整理收纳，是为了更好地享受每一天。

事实上，很多我们看上去大同小异的收纳方法和建议，其背后都有各自成立的理由和实践过程。此次，我有幸见证这些充满巧思的厨房管理实例，再一次让我认识到整理收纳的理念和方式是没有标准答案的，本就是仁者见仁、智者见智。

而且我也深深地意识到，按照自己的喜好打造的空间才是最美的。我想跟大家分享的是："整理收纳的目的，并不仅仅在于表面的美观。"整理有助于人们明确自己的价值观，挑选出对自己来说重要的东西，从而使空间变得井井有条、美观大方。首先，我们要摆脱寻找物品和物品取用困难所带来的压力，然后让空间外观变得整洁，最终逐步发展到美观，这个过程是循序渐进的。

　　一个有明确生活理念的空间是美好的，是让人感到轻松、愉快且极具功能性的。

　　当空间被整理得井井有条时，就会形成一个个良性循环，从而进一步保持空间的美感。

生活的一切从厨房开始

在我看来，厨房是生活的中心，是一家人生活方式的象征。

一家人需要一日三餐，饮食的安全安心全在厨房。可以说，厨房是守护家人健康、为家人提供动力的基地，也是厨房使用者的作战指挥舱。

正因如此，厨房的整理收纳与我们生活的舒适、家人的幸福息息相关。我一直认为，一旦厨房开始积极运转，家人的健康和生活就会得到改善，"属于我的人生"也一定能实现。

希望正在看这本书的你，也能拥有一间让人感到轻松、美好又快乐的厨房。

并且，希望这样的一间厨房能带给你充满爱意的美食，以及无尽的笑容与健康。

如果本书能为你的生活带来一丝改变，那将是我的荣幸。

生活管理师　铃木尚子

专栏 ｜ 惯用脑与生活管理

在进行生活管理的时候，"惯用脑"可以为我们提供参考，帮助我们找到适合自己的整理收纳方法。这是基于京都大学名誉教授坂野登氏的理念，日本生活管理整理协会将其应用于实际的整理收纳方法中，并对大脑的这种使用趋势进行了分类和总结。

简单来说，就是将人的大脑划分为左脑和右脑，它们分别承担着不同的工作。就像惯用手、惯用脚一样，每个人的大脑也各有其擅长的部分。

通常，右脑是处理灵感、直觉和图像等信息的，它擅长感知空间、颜色以及形状等。而左脑则负责说话、书写等逻辑上的认知和处理，它擅长处理文字信息和数字，并能够有条不紊地、计划性地推进事务。

当信息通过眼睛和耳朵输入（比如在整理时找到某件物品的时候），或者在思考和学习后将信息用语言或行动输出（比如在整理时将物品放回收纳空间的时候），只要我们知道是哪一侧的大脑起主导作用，就可以建立一个更便利、更有序的整理收纳流程。比如，是把东西折叠整齐，贴上标签后放进抽屉比较好；还是找一个透明的盒子，简单收纳即可。

当然，凡事总有例外，但是希望这个理论可以给大家提供一个参考，让每个人都找到适合自己的整理收纳方法。

本书第3章中出现的"左右""右右"指的就是人在输入和输出信息时的惯用脑。

测一测你的惯用脑

在生活管理时,"惯用脑"可以作为帮助我们了解自己的着手点,为我们提供参考。简单来说,右脑擅长直觉的判断,而左脑则擅长处理理论性的认知。比如,我们在重新审视家中物品的时候,善用右脑的人多会根据自己"喜欢、讨厌"的感觉去落实分类作业,而左脑型的人则会根据合理性进行判断。

接下来,测试一下吧!两只手十指相扣时,大拇指在下方的那只手对应的是负责信息输入的大脑半球;而双臂环抱胸前时,下方的那只胳膊对应的是负责信息输出的大脑半球。

惯用脑

输入:＿＿＿＿

输出:＿＿＿＿

第1章
生活管理师的厨房风格

7个厨房,7种生活方式,
关于烹饪、享用和清理,
享受每天的厨房工作。

开放式厨房。可以一边准备饭菜，一边与家人隔着岛台聊天，还能看到自己喜欢的院子。早餐就围着岛台吃。

末安惠子女士

- 在茨城县生活和工作
- 与丈夫、儿子（初三）和女儿（小学六年级）同住，共一家四口
- 厨房 9.8 m²
- 食品储藏区兼工作区 4.48 m²
- 房龄 10 年

惯用脑
输入：右脑
输出：左脑

人物简介

"生活整理协会"的负责人。末安惠子女士曾经非常讨厌整理，现在已经克服了这一点，并成为一名生活管理师。她在兼顾工作和育儿的同时，依然致力于向更多的人传递一个理念：通过整理生活，每一天都会变得无比充实而有意义。此外，她还运用自己多年的咖啡师经验，开设了教授人们打造心仪家居环境的收纳课程，让人们爱上自己的家。

范本 1
一个全家人都喜欢来帮忙的厨房

充足的自然光线透过窗户照进来，明亮的厨房成为全家人都喜欢待的地方。一家人会自然地聚在这里，一起做饭，一起收拾。

末安惠子女士是一名职业女性。她认为，正因为工作忙碌，家才更应该是一个让人感到身心放松的地方。她很喜欢自制手工艺品，客厅柜子上的香氛蜡烛就是她的手工制品之一。她曾在某著名咖啡店工作过，是一名出色的咖啡师。

一个布置得非常舒适的空间，里面摆放着自己喜欢的各种物品，如法式风格的家具、彩色复古玻璃和海报，它们恰到好处地平衡了整个空间。末安惠子女士最喜欢这面黑色墙壁，这也是她自己动手涂的。

心爱的咖啡角。将物品的数量控制在最小范围内,不用的东西从不保留。唯独最喜欢的咖啡用具,不管使用频率如何,都保留了下来。

将自己喜欢的设计和令人心情愉悦的物品展示出来。孩子们会主动淘米做饭,丈夫会泡咖啡,可视化的收纳让全家人都能更积极地参与厨房生活。番茄罐头摆在外面,既用于展示,也方便储存管理。从厨房延展到食品储藏区的时尚墙面,为整个空间增添了活力。

my favorites

*心选好物。

要生活在让自己身心愉快的环境中

末安惠子女士之所以要选择在这里(茨城县)安家,因为她想在自然资源丰富的环境中养育自己的孩子。她还说:"我意识到,满足'五感',也就是身心舒适,对我来说是十分重要的。"

打开玄关或客厅的门时所闻到的香气、映入眼帘的心仪之物和装饰物、想要放松时的波萨诺瓦和咖啡馆音乐、亚麻织物的手感,以及在厨房里品尝自制美食和咖啡的惬意时光,这些都是使她的生活变得丰富多彩的重要元素。

这个空间正如所描述的那样,给人一种仿佛置身在豪华酒店中的舒适感。

然而,曾几何时,这里也有过"即使进过贼都发现不了"的脏乱差时期。在为了照顾孩子忙得昏天黑地的日子里,虽然也有朋友夸赞她"家里总是收拾得很干净",但那只是表象。"每天找东西都找疯了。"于是她开始学习整理收纳,成为生活管理师之后,她的整理工作进展飞快。

"我开始了解自己。以前我一直很不喜欢自己的性格,粗心又怕麻烦。但正是因为接纳了真实的自己,我才找到了适合自己的收纳方法和物品管理方式。"

在厨房里,她也尽量不保留过多的东西,将物品的量控制在自己能够整理收纳的范围内,这样家人找东西也方便。而最重要的是,干起活来也更容易。

下班回家后,孩子们有时会提前淘米煮饭;休息日的时候,丈夫会为她煮咖啡。不知不觉间,厨房成了大家都愿意待的地方。

厨房岛台的抽屉。餐具基本都是4人份。选择同一品牌的基础款，便于随时添置，并为客人准备一次性筷子。按材质（不锈钢、木头等）将餐具分类收纳，取用更加方便。

将芝麻、裙带菜和花椒等装入保鲜盒，放进水槽旁边的抽屉里统一收纳。用塑料隔板隔开，以防移动，并在盖子上贴上标签。将面粉、海带和鲣鱼干等也都放进容器中，制作高汤更加方便。

收纳规则

规则1

不要过度分类
分类不要太烦琐，简单的分类更容易维持。

规则2

不要过量储存
保持适当的库存即可，以免浪费。

规则3

放回原处
用完的东西一定要放回原处。

剪刀、削皮器等厨房工具也按材质分类收纳，用起来更顺手。

威克（WECK）的玻璃容器里装着烹饪时常用的白砂糖和盐，量勺也放在里面。

营养补充剂挂在柜门后，以免忘记服用。谷物和杂粮也可以放在这里，以便在煮饭时加入。

日常使用的玻璃杯和马克杯倒扣着放在水槽旁边的抽屉里，下面要垫一层防滑垫。

注意不要过量囤积，将烘焙材料、干货和粉类等大致分类即可。

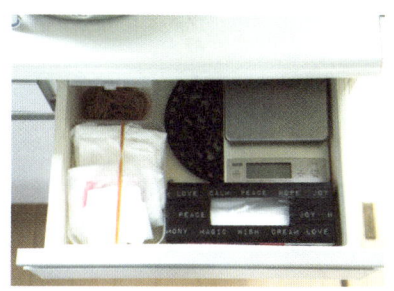

莎拉萨（sarasa）的调料盒统一放在电磁炉下方的抽屉里。这个调料盒的设计简直太棒了。

在水槽下方可以放置垃圾桶，既方便处理厨余垃圾，又能避免落灰。

厨房用塑料袋放在二次利用的盒子里，收纳整齐。所有塑料袋都可以用这个盒子来收纳。

无须特意将日常使用的餐具和给客人用的餐具分开，而是利用托盘和餐巾，避免餐具越用越多。

＊收纳范本。

置身厨房,放眼望去看到的都是自己喜欢的东西,真是再幸福不过了。比如,自己动手涂成黑色的墙壁,以及墙上的时钟、复古的彩绘玻璃等,这个空间充满了"自己喜欢"的东西,让人感到非常舒适。旁边是食品储藏区兼工作区,做饭、工作两不误。

storage 2

厨房旁边的食品储藏区兼工作区。料理机、备用调料、厨房杂物等所有厨房用品和可回收垃圾,以及文件、文具等办公用品、生活杂物都集中在这里,实现了统一管理。

材质柔软的餐垫用磁吸夹子夹起来,挂在不锈钢置物架的侧面,整洁又方便。

在厨房和处理工作时常用的彩色纸胶带,统一放在硬纸板制成的抽屉里。将零碎的小物件放在固定位置,就不会散乱得到处都是。

瓶瓶罐罐等可回收垃圾没有直接丢进垃圾桶,而是用无印良品的布艺收纳筐进行收纳。收纳筐放在食品储藏区门口的架子上,处理起来很方便。

这里存放罐头食品和饼干,主要作为应急防灾储备,数量适当,无须太多。

饼干模具都放在无印良品的塑料盒抽屉中。因为无印良品的规格都是固定的,所以不用担心型号问题,非常省心,不会出错。

爱速客乐(ASKUL)的泡沫收纳箱里是备用的调料和食用油等。这款箱子下面装有滑轮,里面的东西再重,也能轻易存取。

家里物品的多少取决于自身的管理能力

休息日早晨的温热美味

末安女士家的早餐

蒸鸡肉热三明治（2人份）

① 将1/2根芹菜和1/4颗洋葱分别切成细丝，并撒少许盐。

② 将适量的蛋黄酱、粗粒芥末酱和蜂蜜搅拌均匀，准备适量的蒸鸡肉（鸡胸肉）切成适口大小，在鸡肉中倒入搅拌好的酱料和①，翻拌均匀。

③ 将吐司面包单面烤制，另一面涂上黄油，然后将生菜和②一起夹在中间即可。

蛤蜊浓汤（2人份）

① 将200 g蛤蜊放入300 ml水中，煮熟后捞出并沥干水分，蛤蜊和汤汁备用。

② 将2片培根、1/2颗洋葱、1/2根胡萝卜和1个土豆，分别切成大小相近的小块，用10 g黄油炒香，加入2勺米粉拌匀。

③ 加入①的汤汁，并放入1块日式浓汤宝，煮沸后再加入蛤蜊和300 ml豆乳，最后用盐和胡椒粉调味，点缀1个煮熟的豌豆荚。

黄金搭档酸奶

在无糖酸奶中加入香蕉和猕猴桃，再撒上适量的黄豆粉和蜂蜜即可。

休息日的早晨来一份西式早餐。在餐厅或者阳台享用，微风徐徐吹过，是一种幸福的体验。

MY STYLE*

想要整洁舒适的空间和爱意满满的料理

*我的风格。

那些日子，这堆满东西的空间让人感到厌倦。下班回家后，总是要先收拾屋子，然后再做晚饭。这让我本就疲惫的身体和大脑更加疲惫。

现在，我每天都希望为最先回到家的人提供一个舒适、整洁的空间。

"民以食为天"（To eat is to live）。

厨房承担着这个重要的角色。可能是从小受母亲的影响，我一直对烹饪有强烈的兴趣。但我也曾因为忙于工作而在饮食上变得敷衍。现在，孩子正处于长身体的阶段，我会有意识地注意营养搭配，就像母亲影响我一样，我也希望能将饮食的重要性传递给孩子。我非常讲究食材，但也不会弄得很复杂。对于使用频率较低的调料，我会考虑用其他调料代替，减少不必要的购买和过度囤积。

在我们家，厨房占据了我们一天中的大部分时间。因为厨房和客厅是打通的，没有明确的界限，所以我们也会在这里陪孩子做作业、做手工和看书，还会聊学校里发生的事情、朋友的趣闻以及对未来的憧憬，分享烦恼和喜悦。这里是一个品尝饱含爱意的食物的地方，无论是精致丰盛的料理，还是简单朴素的菜式，都能为我们的身心充电，为明天提供能量。

范本 2

珍惜由厨房开始的每一天

所有柜子、置物架的型号和款式都是经过深思熟虑的，一切都是为了漂亮的收纳，要享受收纳的快乐！

高山一子女士

- 在京都生活和工作
- 与丈夫、女儿（初三）和儿子（小学三年级）同住，共一家四口
- 厨房 7.18 m²
- 食品储藏区 6.31 m²
- 房龄 5 年

惯用脑
输入：右脑
输出：左脑

人物简介

"智慧工作工作室"负责人。曾因不会整理房间和打理自己而在很多方面走过弯路，现充分利用过往经验，以研讨会讲师的身份，开展如何根据整理方法打造舒适空间的讲座，同时还与 5 名成员一起为很多家庭提供整理收纳服务。

客厅和厨房区域呈梯形布局，其中斜向设置了一个半开放式的厨房。到了周末或长假时，这里就成了邀请亲戚朋友来家里聚餐、享受欢乐时光的理想场所。

曾经最不擅长收拾房间的高山一子女士，现在已经是一名家居收纳领域的专家了。

在餐桌上放一款与家居主色调一致的垃圾桶，帮助孩子养成随手收拾的习惯。

餐厅点缀的黑色黄铜灯饰,让人一见倾心,可以说是整个厨房的点睛之笔。厨房台面相对较高,让整个空间更有立体感。

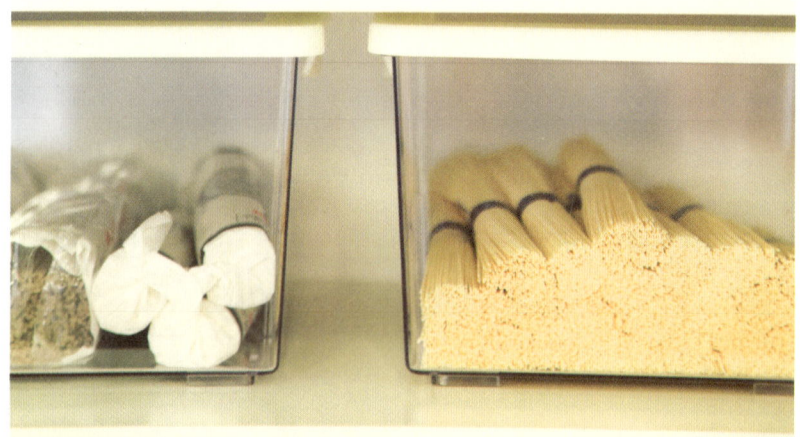

用透明容器存放干货,实现可视化收纳,以免忘记使用,同时也便于管理库存。

my favorites

柜门设计成向上打开的,这样即使柜门一直开着也不用担心会撞到头。右边的架子上放着茶和麦片,便于孩子拿取。

（左一）在青山购买的超大容量透明储物罐。可视化储物，以免突然有一天发现家里没米了。（左二）为了放置大型搅拌机，专门定制了隔板。（左三）在家居连锁店购买的马口铁字母装饰品。水果则被放在大型不锈钢网篮中，底部用网兜支撑。（右一）用于放面包的专用小筐。

厨房是人们聚集、交流和成长的地方

"对于一个家庭来说，重要的是一起吃用同一把火烧出来的饭菜。"高山一子女士说。这是她幼时和奶奶一起生活时，奶奶无意间说的一句话，而这也成了她对"饮食"最初的理解。"那时候，叔伯姐妹都住在附近，大家来往自由，经常一起吃饭。突然有客人来访也不是稀罕事，家里总是热热闹闹的。"

受家庭文化的影响，高山一子女士如今仍保持着在周末与父母、姐姐、堂姐妹们以及她们的孩子们欢聚一堂的习惯，大家围坐在餐桌旁，共同享用美食。因此，她将厨房打造成了一个便于大家使用的空间，就像料理教室一样，每个人都能轻松上手。高山女士自己也曾苦于厨房的整理收纳，在不断追求更简单、更轻松的过程中，经过反复试错，才形成了现在这个样子——即便她不在家，家人也能迅速适应并使用的厨房。

高山女士认为，促进孩子自立是一个重大课题。从这个角度来说，让厨房更加易于使用也是有积极影响的。在现在这个厨房，她的儿子开始尝试自己做蛋类料理，女儿则和朋友们一起举办"烘焙大赛"。作为父母，看到孩子们能够独立完成这些活动，无疑是一件令人欣慰的事情。

橱柜可以直接敞开使用，餐具统一成白和黑两个颜色，干净整洁。在白色为主色调的空间里添加大面积的棕色和黑色有助于视觉平衡，营造出干练、精致的室内氛围。

收纳规则

规则1

简单
避免过于紧凑、僵化的收纳。

规则2

定位管理
让家人也一目了然。

规则3

物品数量
便于控制储存的数量。

香辛料和粉状物品装入同一款式的储物罐中，又实用又整洁。透明容器再贴上标签，所有物品一目了然。（最外面一排）维维（ViV）耐热玻璃密封罐，（中间一排）金东（KINTO）分装瓶和耐热玻璃盖密封罐，（最里面一排）道尔顿（Dulton）调料盒。

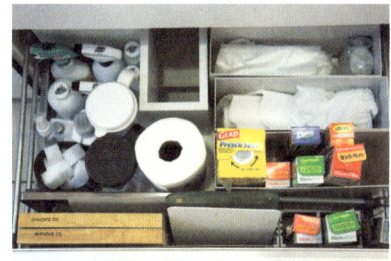 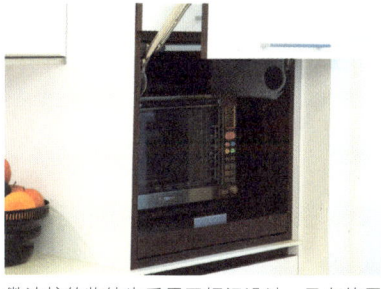 

各类收纳袋并未细分，只是统一收纳在文件盒中。保鲜膜类的存放在一起。

微波炉的收纳也采用了柜门设计，只在使用的时候打开。

宽松的摆放，方便孩子们取用。颜色和形状都是配套的，便于归置。

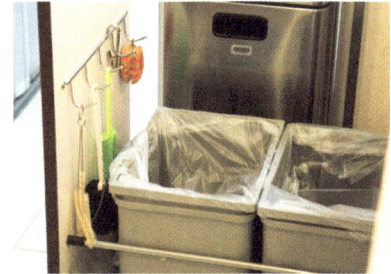  

取下回收箱上原有的盖子，方便家人丢垃圾，避免拖延。

在设计时就考虑到了砂锅和电炉等厨房用品的尺寸，放在固定位置管理。

杯垫、茶碟、单人餐垫等有客人来访时需要用到的物品可以统一收纳。

  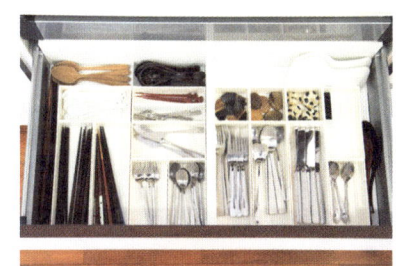

锅具大多都来自克丽丝塔（Cristel），可叠放，手柄可拆卸。收纳紧凑，节省空间。

刀具有专用的插入式收纳工具。尺寸正好的拉链式保鲜袋，无须调整可直接使用。

用这种带隔断的收纳盒，里面的物品大致分类即可。图中使用的是凯尤卡（KEYUCA）的小型收纳盒。

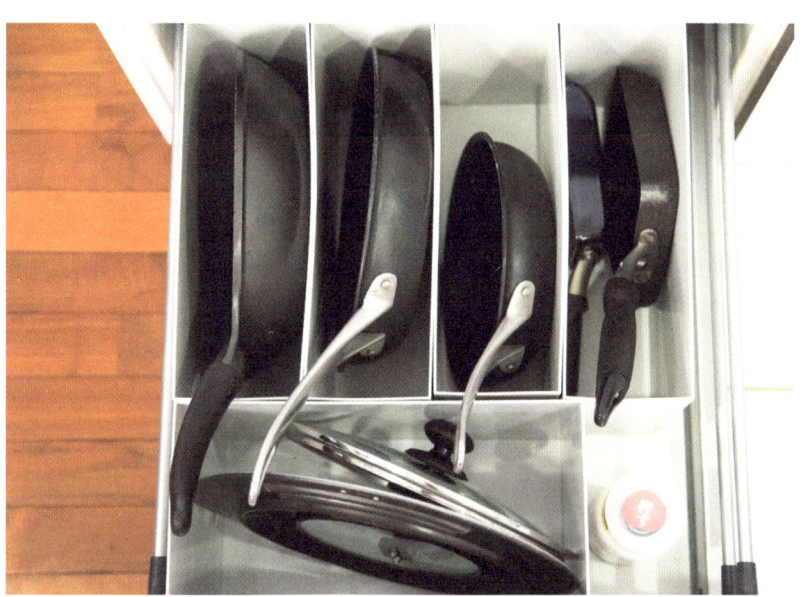

平底锅和锅盖用无印良品的文件盒来收纳，拿放都很方便。

storage 2

厨房旁边的食品储藏区。为避免成为单纯的仓库,高山女士在外观上花了很多心思,结合室内陈设进行设计,让收纳变得简单又有趣。上面贴有标签,便于家人查找。零食分为:①快吃完的零食,②新零食,③大人的零食。按情况分类,避免吃不完浪费。

实现"令人着迷的收纳",库存管理轻松搞定

高山女士以前是既不会做家务又不擅长整理收纳的那一类人。因此,对她来说,"外观好看"就成为触发其干劲的重要条件。如果不注意,食品储藏区很容易变成一个简单的仓库,但她特意追求"令人着迷的收纳"。让看得见的地方整洁美观,而看不见的地方则可以稍微随意一些。过于严格反而难以维持,现在这样就刚刚好。收纳与室内陈设相得益彰,库存管理也变轻松了。

不过,自制的标签不是为自己,而是为家人准备的。"什么东西放在什么位置,我不看标签也能找到,贴标签是为了家人找东西的时候不费劲。"

(左上)读小学的儿子可以自己泡的杯面和速食食品等都放在宜家的舒法特系列收纳筐(IKEA TROFAST)里。(左下)刷鞋工具、狗狗清洁用品和清扫工具等都在这个角落,统一管理。(右)废纸和杂志用宜家的普拉吉思系列收纳筐(IKEA PLUGGIS)进行分类,可以从中间插进去,十分方便。

为了便于查找，每个盒子都贴了标签。黑色开放式双层网篮，既可以用来展示，也适合存放那些保质期较短的食物。

早餐一定要吃很多很多的蔬菜　　**高山女士家的早餐**

三角饭团
米饭、海苔、六助盐*
*一种高级白盐，源自东京串烧名店"六助"，含盐量较少，味道鲜甜。

蜜罐沙拉*
将1/2根胡萝卜、1/4根白萝卜、1根黄瓜和适量的番茄切成1cm见方的块状，再加入橄榄油、醋、柠檬汁、酱油、盐和胡椒粉，拌匀即可。
*蜜罐沙拉可以提前做好，放在密封罐里备用。

蔬果昔
将1/6个卷心菜、1个番茄、1/2把小松菜、1个苹果、1根胡萝卜和1/2个橙子放入料理机中，搅打成细腻的糊状即可。

高山女士一家习惯在早上吃大量的蔬菜，比如沙拉和蔬果昔。三角饭团看起来简单，但盐和海苔的选择十分重要。

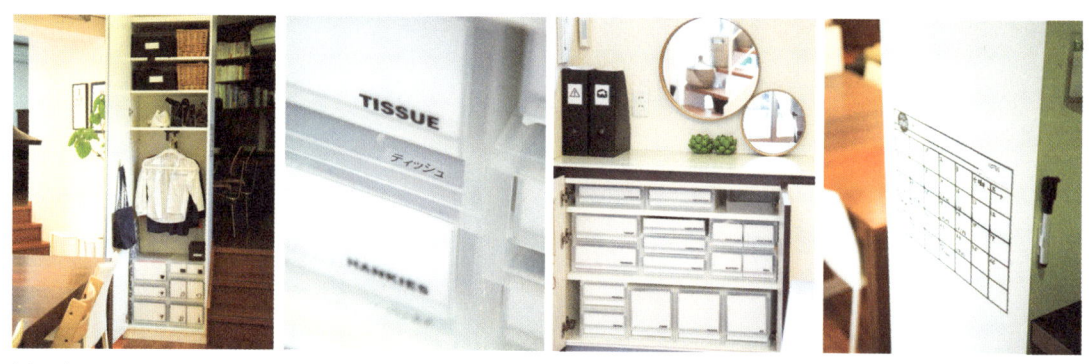

（左一）为了避免频繁上下楼，高山女士在家中设立了一个专门的准备区，方便孩子们上学和参加兴趣班。（左二）纸巾、眼镜等必需品都集中放在这里。（左三）邮件等紧急程度高的物品都放在黑色文件盒里管理，平时都是反着放的，既整洁美观也便于查找。（右一）日历上标记了大人的日程和下班时间，这样孩子们独自在家时也能感到安心。

MY STYLE | 是时候把外婆和母亲的味道传授给女儿了

我想每一位职场妈妈都有这样一个烦恼，那就是如何缩短烹饪时间、高效地制作健康又营养的食物。比如，准备额外的餐食并冷冻保存，或制作果汁和汤以便在忙碌的早晨也能轻松吃到蔬菜和水果……再怎么忙碌，营养均衡都是不能动摇的。当然，有时候太累了，也会买点现成的熟食对付一下，或者外出就餐。毕竟强迫自己在家做饭，反而会让心情变得糟糕。与其这样，不如选择和家人一起外出，享受一顿愉快的餐食，这样对大家都有好处。不过，我一直认为，一个杂乱的厨房反映了内心的混乱和时间管理的无序，这可能是一个信号，提醒我已经难以应对当前的生活节奏。这时，反而可以静下心来，一边做饭一边重新审视自己的生活，调整自己的心情和状态。

最近，女儿开始让我教她做菜了。前几天，我和女儿一起挑战了一位意大利主厨的菜谱。成品出来很好吃，我们也很快乐。

外婆经常做的京都传统菜肴，比如捣牛蒡、煮山芋汤等，我也从母亲那里学会了。是不是也到了将这些食谱教给女儿的时候了呢？我想从现在开始，好好珍惜这些时光。

竹内女士家的装饰原则是，只用赏心悦目的东西。简单的DIY对她来说就是小菜一碟，白色收纳柜上铺着的面板是用铺门廊用的木板拼接而成的。

竹内真理女士

- 在德岛县生活和工作
- 与女儿（20岁，工作）和儿子（18岁，专科学校学生）同住，共一家三口
- 厨房 10.8 m²
- 房龄 9 年

惯用脑
输入：右脑
输出：左脑

人物简介

"德岛整理实验室"负责人，目前以团队形式运作。她专注于提供收纳、家务动线、室内装饰等家居设计中的软性问题解决方案，致力于从客户立场出发，提供第二意见服务，帮助客户解决家居生活中的困扰。

范本 3

打造一个大家可以聚在一起放松身心的空间

纯白色的厨房给人一种干净利落的感觉。地板选择了耐脏的大块瓷砖，易于保持干净。墙壁上的黑板是磁吸板材。

竹内真理女士是室内设计统筹和扫除专家。

自幼便热衷于改造房间的竹内女士，思考室内设计对她来说是最开心的事情。即使是简单的明信片，也能被巧妙地串联成一道风景。

厨房的柜台是为了搭配地面瓷砖而定制的，开放式置物架上的每一件器具都是精挑细选的。这间开放式厨房追求的是咖啡馆般的设计感和极致的舒适体验。

梦想一点点实现的开放式厨房

从孩童时期开始就很喜欢改造房间的竹内女士，对于室内设计的热情从未消减。从餐厅到厨房，这里面摆放的每一件物品都可以看出她的用心，连后院都很干净漂亮。

但是走到今天，她也经历了许多曲折。20多岁的时候，竹内女士一直忙于育儿，真正开始学习室内设计已经是孩子上小学、稍微能放手之后了。她也是从基础做起，一开始从事房屋清洁工作。通过访问许多家庭，她深切体会到，如果家里的物品没有进行整理，再怎么打扫也无法让家变得整洁舒适。

后来，她入职了一家建筑公司，如愿以偿地成为室内装修设计咨询师，开始了室内设计生涯，但她也遇到了一些挫折。由于仅通过听取客户的需求，无法准确把握客户家中的物品数量，导致设计出不必要的收纳空间。

竹内女士的家以前也是如此。"因为我有点洁癖，所以即使一眼看上去很干净，可是没用的东西非常多，想找什么也找不着，根本算不上舒适。"就在这时，她接触到了"生活管理"，并深深感受到"生活基础"的重要性。想明白自己真正想做的事情、自己在乎的事情是什么之后，家里才终于变得井井有条。

厨房也是，闲置的锅碗瓢盆和过期的食品统

炉灶两侧的瓷砖是"名古屋马赛克"。时不时用洗涤剂轻轻擦拭一下就干净了，耐脏又方便。平底锅挂在油烟机下方。

展示在外面的都是自己喜欢的器具。为了衬托前面这些白色的小物件，后面放了一些彩色和银色的元素以及卡片，为空间增添了一丝活泼的气息。这些物品的位置由使用频率决定。

（左）挂钩来自伊迪（IDÉE）。麻布袋子用来装塑料瓶盖。（右）酱油和食用油分装到小瓶中。下方的托盘是野田珐琅（Noda Horo）的小号长方形浅盘，可防止液体滴落留下污渍。常用的厨房工具都放在外面。

统处理掉，厨房变宽敞了，库存管理也轻松了。"以前，我家的面粉里还生过虫子，真是吓得我魂不附体啊。"

在工作中，她也作为一名生活管理师迈出了新的一步。"我感觉迄今为止，我所经历的一切都是相通的。虽然花了很长时间，但现在才是真正的开始。希望自己能从更深层次的角度帮助那些苦于家居收纳的朋友。"

现在，这间如咖啡厅一般的开放式厨房，也是一群可爱的工作伙伴聚会的地方。

my favorites

（左）砂糖用玻璃瓶分装后，放在柜台内侧。没等用完就急着补充了一些，结果出现了类似岩石层的分层，但出人意料地好看。（右）多莱斯（Duralex）玻璃杯放在柜台上，因为竹内女士家里总有客人来访。放置玻璃杯的托盘来自仓敷意匠。

食品储藏区内部。考虑到柜子深处的东西总是容易忘记使用，有可能一直放到过期，便按照超市的陈列方式，采用"前置式"摆放。柜子深处几乎不放任何东西，只在固定位置放一部分客用餐具。购买食品补充库存时，就从后面开始放。将置物架大致划分为速食类、调料类、主食类、饮料类和生活杂货等几个部分使用，并在隔板上用标签标记物品的名称，库存管理一目了然。这样一来，不必要的购物和食品过期的情况大幅减少。

大米储藏在道尔顿防尘桶中，放在柜台后面。这个防尘桶已经用了 10 年以上了。

放在冰箱侧面的铁架子，篮子里装着根茎类蔬菜，下方是猫粮存放区。

橱柜里只放常用餐具。平底盘放在里面的小置物架上，分两层使用。

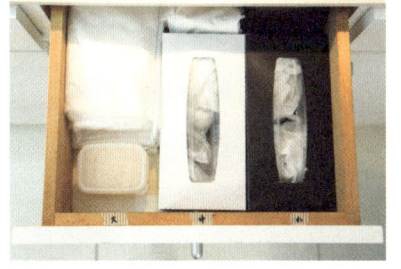

塑料袋叠起来比较麻烦，可以按型号团成团，直接塞进用完的纸巾盒里。

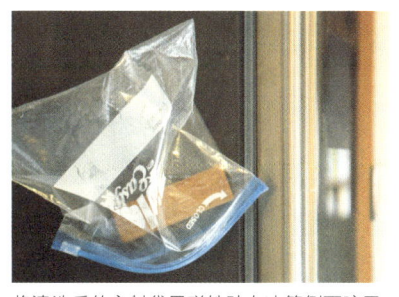

将清洗后的密封袋用磁铁贴在冰箱侧面晾干。冰箱散发的热量可以加速其干燥。

在抽屉里放两个竹编的收纳筐进行隔断。宽松的布局看着也心情愉悦。

炉灶下方是严格挑选的常用锅具，直径相同的锅具叠放在同一位置。

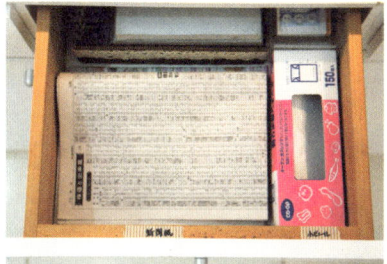

用来包裹厨余垃圾的报纸固定放在橱柜下方的抽屉里。抽屉后面放着一块磨刀石，使用频率很低但离使用场景（水槽）很近。

由于不可燃垃圾的分类比较严格，所以设置了专门的垃圾分类空间。比如，易碎品、塑料、干电池等。

厨余垃圾和塑料垃圾放在水槽下面。方便处理，干净整洁。

收纳规则

规则1

固定位置管理

位置一旦固定下来，就不会再东找西找了。

规则2

收纳"八分满"

留出一些空间，看着也舒服。

规则3

"摆出来"和"藏起来"

认真选择要摆在外面的物品，平衡很重要。

用自制吐司做的咖啡馆风格的西式早餐

开放式三明治（3人份）
① 将芥末酱和蛋黄酱拌匀后涂在吐司上。
② 将莲藕和西蓝花切成适当大小后用水焯熟，同时准备1个煮鸡蛋并切成小块，再将2根小香肠分别切成3等份。
③ 将②中准备好的食材适量摆放在吐司上，再撒上适量的芝士，用烤箱烤2～4分钟即可。

意式蔬菜浓汤（3人份）
① 将1个土豆、1颗洋葱、1根青椒、1个番茄和1/2根胡萝卜分别切丁，用橄榄油简单翻炒。
② 加入1小罐番茄酱（约70 g）和3杯清汤（约450 ml）煮沸，加入盐和胡椒粉调味即可。

竹内女士家的早餐

面包盘是芬兰品牌阿拉比亚（Arabia）的硕果系列（Paratiisi），深蓝色玻璃杯则来自伊塔拉（Iittala），茶色的敞口杯是鸟语（Birds' Words）的，这些都是她心仪的餐具。

舒适的客厅。桌子是两层的彩色小柜,上面是用木板拼接而成的面板。两侧均可以收纳散布在沙发周围的小摆件,好看又实用。电视柜也是用木板和砖块自己动手砌的。带滑轮的深棕色收纳箱里装的是游戏设备。

MY STYLE

任何时候都要好好吃饭

　　孩子还小的时候,我家就像一个聚集地似的,总是有很多人来。可能也是这个原因,当育儿告一段落,我开始考虑如何设计自己的新生活时,一间"大家都会来的厨房"就成了一个不变的主题。

　　我希望家里的厨房不仅仅是对家人的,而是对朋友、客户和工作伙伴来说,都能像"一间经常光顾的咖啡馆"一样。我希望他们有宾至如归的感觉,自在出入,并在这里得到放松。虽然玻璃杯和盘子并不是配套的,但是当它们集体出动招待大家时,却会给人一种统一又协调的感受,这是我认为最理想的状态。我一直在不停地努力,希望一步步接近未来的梦想,有一天能够真正打造一个完美的空间。

　　现在,我已经成为一名生活管理师,处于一个能看到"一整套井井有条的系统"的位置,我又重新审视了物品的使用和收纳方法。我有着无尽的热情和钻研精神。但问题是,我总是太沉迷于工作,忽略自己的饮食。当和孩子在一起的时候,他们会说"想吃饺子""想吃煎蛋卷"。在大家聚在一起的"晴天"里,我会尽力准备美食。但同时,我也希望能享受在那些平淡无奇的"阴天"准备美食的乐趣。

　　不过,为了自己的健康,我要更加享受每天为自己做饭的时光。为了实现未来的梦想,为了内心丰盈的生活,我要努力好好吃饭。

范本 4
干净整洁的厨房里是满满的"小确幸"

室内喷雾等摆在外面的物品要兼具功能性和美观性。五颜六色的零食统统放入简约时尚的收纳盒里,整洁又漂亮。

栗田玲奈女士
- 在大阪生活和工作
- 与丈夫、儿子(小学六年级)同住,共一家三口
- 厨房 6 m²
- 房龄 12 年

惯用脑
输入:右脑
输出:左脑

人物简介
在房地产相关企业工作的职场妈妈。她有一个重度过敏的孩子,为了改变在照顾孩子和工作之间疲惫不堪的生活,她开始进行生活管理。她希望在有限的时间里,实现轻松、优质、快乐又美味的饮食生活。

阳光充足、整洁利落的客厅、餐厅和厨房。橱柜中收纳着栗田女士喜欢的艺术家品牌的餐具,仅在休息日或客人来访时使用。

栗田玲奈女士喜欢做菜、搜集厨房工具和餐具。她对物品的喜好有着明确的标准。

栗田玲奈女士喜欢手感好的木制餐具,就这样直接摆在柜台上,又好看,又便于晾干,吃饭时也方便取用。

厨房空间紧凑，在布局上没有丝毫浪费，包括从洗碗机到橱柜的动线，完全实现了最大程度的便利。

忙于工作时
更要享受健康的一日三餐

　　用栗田玲奈女士的话来说，虽然儿子小的时候她过得很辛苦，可她还是始终坚持做一个职场妈妈。那时，孩子鸡蛋过敏浑身发痒，一家三口都彻夜难眠。于是她开始实践食物

柜台上摆放着咖啡器具和茶具等。上方从右侧开始悬挂着厨房纸巾、迷你砧板、小菜篮（用来放生姜）和切菜器等，按照颜色和材质搭配形成了某种平衡。右侧的爱丽飞（alfi）保温杯是栗田女士很喜欢的酒店在用的，她也跟着买了一个，非常有纪念意义。

疗法，还要注意食品中的添加剂，根本顾不上享受食物带来的乐趣。

后来，她缩短了工作时间，将省下的那一点点时间用在生活管理上。而她最先着手的地方就是厨房。她认为："健康的身体离不开健康的饮食。即使再忙，时间再紧张，也要让家人健康地生活，所以厨房要随时处于方便使用且干净整洁的状态。"

随着她一步步整理厨房，她的生活开始变得得心应手，做饭也自在多了。"我不能让厨房变成一个悲伤的地方，我要让它变成一个快乐的地方。"热爱烹饪的栗田女士这样说。如今，她在打造一个更高效、便利的厨房的同时，还乐于收集富有设计感的厨房工具和喜欢的器皿。当然，她也在积极地享受"食"之乐趣。

她的儿子现在也长大了，也可以吃煮鸡蛋了。栗田女士依然没有放弃工作和家人的健康，家里的厨房依然充满了欢声笑语。

my favorites

（左）长杆和夹子可以晾清洗过的可重复使用的保鲜袋。刀具架是栗田钟爱的品牌伊娃索洛（Eva Solo）的站立款。（右）上方靠墙的牛皮纸袋用来收纳清洗后晾干的瓶瓶罐罐，外侧的纸袋用来装一些适合常温储存的根茎类蔬菜。便宜又方便，脏了就换。抽屉从上往下，最上面两层放的是垃圾袋，第三层是喝完洗过的牛奶盒（孩子上学偶尔会需要用到）和报纸（用于处理垃圾），最底下那层放的是替换用的瓶瓶罐罐。

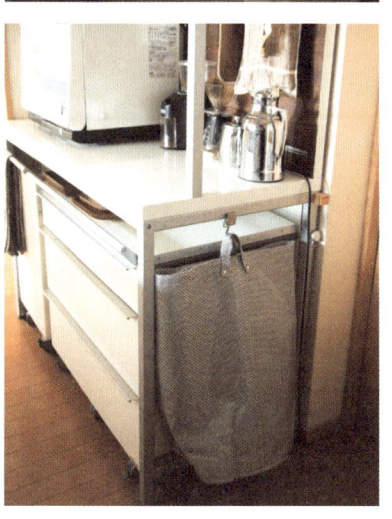

（左）放杯子的橱柜是分体带轮子的，有客人来访时可以直接推到餐桌旁使用。（右）侧边是法国产的银色布包，用来收纳塑料垃圾，是非常结实的铝制质地。因为不喜欢垃圾桶（和异味），所以一直在寻找，偶然在一家经营进口杂货的网店发现了它。30 L 的容量正好合适。另外，便于移动、节省空间也是它的优点。

收纳规则

规则1

任何人都能找到

不仅方便自己,也要方便家里其他人使用。

规则2

大致收纳就可以

不执着于整齐划一,也能心满意足。

规则3

摆在外面也好看

选用木质、棕色系的器具,看着干净又方便打理。

橱柜的上层。主要收纳使用频率较低的物品,按材质分类摆放。因为位于微波炉上方,所以微波炉用的托盘也放在这里。半球状的野田珐琅罐子里放的是自制味噌。

用奥秀(OXO)按压式收纳盒收纳各种粉状物和干货,一键式开关是它的设计亮点。银色的防水标签是栗田女士根据容器的外观自己设计并打印的。为了便于大家查找,同时采用了日语和英语两种语言进行标记。

storage

这里主要收纳日常使用的餐具，是阿拉比亚的硕果系列，结实又漂亮。

橱柜抽屉用来存放日常使用的餐具。位置比较低，便于孩子拿取。

零碎的小物件按材质分类收纳，看到自己喜欢的餐具整齐排列，忍不住会心一笑。

水槽下方。栗田女士十分喜欢克丽丝塔的这套锅。锅盖统一立在百元店买来的木制支架上。

水槽下方。将烹饪工具大致收纳起来，有意识地进行颜色搭配（白色、银色、黑色和木色），分隔板来自无印良品。

调料虽然没有采用替换装，不过来自同一品牌，设计统一也相对漂亮，关键是价格实惠。

洗碗机下方。收纳了砧板、珐琅容器等。在门把手处放置了一个塑料盒，单独收纳这些容器的盖子。

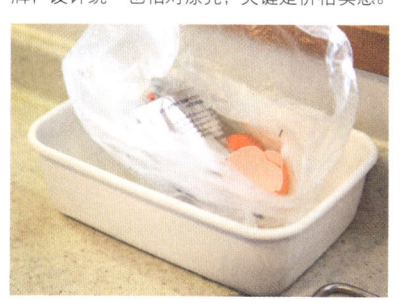

野田珐琅家的产品总给人一种干净的感觉。在里面铺一个塑料袋，用来装厨余垃圾。

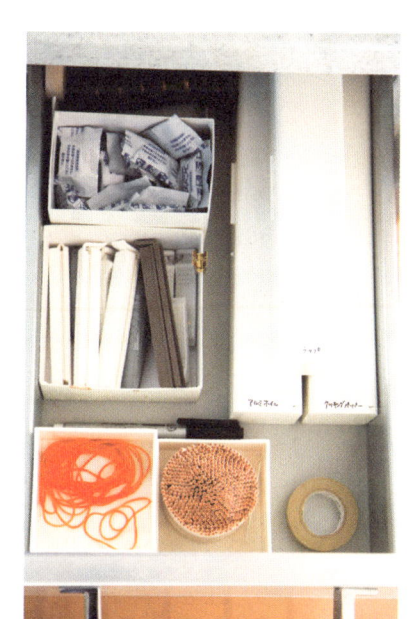

消耗品。保鲜膜类的放入无印良品的盒子里，橡皮筋和牙签也分别收纳。其他的则用白色的空盒分隔。

35

直接把锅端上餐桌　　　栗田女士家的早餐

砂锅焖饭
将预先浸泡的大米（免洗米）倒入砂锅，加适量水烧制。先用大火加热9分钟左右，再用小火煮3分钟。关火后，再焖15分钟即可。

味噌汤
① 将高汤（用小鱼干和海带煮制而成的）加热后，加入豆腐、裙带菜、蘑菇等食材，然后加入1勺自制的味噌。
② 等味噌煮软，完全融入汤中即可。

煎小香肠和蔬菜
先将平底锅烧热，倒入少量食用油，然后放入小香肠和荷兰豆等新鲜蔬菜，小火慢煎。煎熟后撒上盐和胡椒粉即可。迷你铸铁平底锅也可以直接端上餐桌。

主食以米饭为主，偶尔吃面包。栗田女士家不用电饭煲，而是用砂锅煮饭。无论是吃米饭还是面包，炒小香肠和当季的新鲜蔬菜都必不可少。

砂锅来自长谷园（Nagatanien），迷你平底锅来自珐宝（STAUB），它们都是烹饪后可以直接端上桌的。选择既实用又美观的厨具非常重要，即使在忙碌的日常生活中，它们也能轻松地为餐桌增添美味、乐趣和美感。

MY STYLE

想要工作和生活都变得充实！只要厨房整洁，就没有不可能

现在儿子可以吃很多东西了，晚上也能睡得好了。我真的很感激、很幸福。尽管如此，我还是要工作的，几乎没什么时间能花在晚餐上，所以我特别制定了一份菜单。周一是炒饭类，周二是以鱼类为主的日餐，周三是以肉类为主的西餐或炖菜，周四是盖饭，周五就是冰箱里剩什么做什么。相应地，我也会根据菜单有计划地采购。当然，践行厨房的日常管理才是舒适的关键。

厨房是一家人的厨房，所以也考虑到丈夫和偶尔会过来帮忙的婆婆的感受，要让他们也能用起来顺手。另外，我也在儿子能够到的抽屉里放了一些结实的餐具。现在小朋友来家里玩的时候，他已经可以自己拿东西招待他们了，真是长大了。

我对喜欢的东西一直有明确的标准，现在我会把更多的注意力集中到自己喜欢的东西上。扔掉那些莫名其妙得来的东西，只留下必要且喜欢的。现在，视线所及之处都是自己喜欢的器皿和厨房用品。工作日的时候，宝贵的居家时光大多都会在厨房度过，所以对我来说，"整理厨房"等于"增加平日幸福的时间"。

厨房是一个生活再怎么改变，也要时刻保持清洁的地方。在这里，你可以尽情烹饪美味佳肴，守护家人的健康。而且，这也是一个令人感到舒适的地方。

木村真理女士

- 在东京生活和工作
- 与丈夫、女儿（高三）同住，共一家三口
- 厨房 7.41 m²
- 房龄 15 年

惯用脑
输入：右脑
输出：右脑

人物简介

在东京广尾经营一家工作室，为客户提供整理收纳和空间设计支持。曾在纽约生活 7 年半，在胡志明市生活 2 年半。在日本，她从事了 15 年的建筑设计工作。她向来重视内心、空间和身体的平衡。

范本 5

我希望厨房是一个被喜欢的事物所包围的轻松空间

木村女士家双职工的生活从神户、东京开始，辗转纽约、千叶和胡志明市，现在再度回到东京的公司宿舍。清澈的"气息"在这个客餐厅一体式的厨房内缓缓流动。

木村真理女士同时也是一名瑜伽教练。这面圆镜是在胡志明市的一家公平贸易商店购买的，镜子边缘由柔软的竹子精心编织而成。在纽约街头捡到的纳帕葡萄酒箱被当作沙发旁的咖啡桌，里面是纸巾盒、杯垫和遥控器（电视、空调）。

从客厅望向厨房和餐厅。彻底做了"减法"的房间里，所有的东西都是自己喜欢的，令人心情愉悦。

一旦明确了持
有物品的原则，
生活就会变得
更简单

my favorites

常用的器具直接摆在厨房的置物架上。这
样一眼就能看到，摆放宽松，方便快速使
用，用完也能迅速放回。托盘和单人餐垫
竖着收纳在微波炉旁边。白色的小布包用
来收纳垃圾袋。

木村真理女士的丈夫经常调动工作，包括在纽约生活的 7 年半和在胡志明市生活的 2 年半，一共搬了 5 次家。她从泡沫经济时期的神户、东京开始，到纽约体验了拥有大型烤箱、嵌入式洗碗机等很多物品的生活，也在胡志明市感受过有家政人员负责打扫、司机负责接送的生活。

　　在接触了各式各样的价值观之后，她得出的答案是"简单自在的生活才是最好的"。她现在住的公司宿舍位于一个安静的住宅区，始终伴随着一丝清爽的"气息"。木村女士的一天从静谧的晨间冥想开始。"我并不是对所有住过的地方都感到满意。不过，与其关注没有的东西，不如在被给予的环境中选择更好的，按照自己的标准对所选择的东西进行改进。我想，这可能就是让生活轻松又快乐的真谛。"

　　在木村女士的厨房里，每次搬家时精心挑选的充满感情的物品，都以一种被充分使用的形式存在着。

（左上）纽约复古风的珐琅锅里，放着根茎类蔬菜和水果。酷彩（Le Creuset）的储物罐用来存放大米。（右上）纽约复古风的下午茶托盘上，放的是早上做汤时要用的调料组合和杯子。没有把它们收起来而是直接放在外面，方便每天早上使用。（左下）竹编篮筐里分别放着简单分类的葡萄酒等酒类和水果干等。还有一个空篮子，用来临时存放新买回来的东西和别人送的物品。（右下）因为喜欢它的外观，所以把罐头、意大利面等应急储备食品存放在这个有趣的铁皮桶里。

41

这个安静的角落放的全是木村真理女士喜欢的物品。在纽约居住时期收集的喜欢的外文书籍，她取下了书皮，整齐地摆在外面。最右边放着在胡志明市购买的香薰炉和加拿大朋友制作的水壶。在纽约买的复古相框里是一家人的纪念照。她认为，"喜欢的东西不应该收起来，要都用起来"。

my favorites

充满珍贵回忆的物品要不断地使用

在纽约买的复古托盘，作用多多。一开始是饭团托盘，后来用来装牙具套装，现在是餐桌上的调料托盘。木村女士说："我最喜欢的是一边愉快地思考，一边继续使用它们。"单独买回来的调料容器也是玻璃的。"透明"是它们的共同属性，更重要的是自己喜欢。这样搭在一起又整齐又好看，每天看着都心生欢喜。

（左上）离开胡志明市时朋友送的杯垫。（右上）绿色的餐盘和杯子是朋友送的结婚礼物，蓝色花纹盘是在纽约生活时买的，粉色花朵图案的盘子和透明玻璃盘属于纽约复古风，竹盘是胡志明市的特产竹制品。（左下）小托盘是在马来西亚买的，大托盘是与摩洛哥人结婚的朋友送的礼物。（右下）小王子餐盘是新婚旅行时在巴黎买的，鸡蛋托是加拿大艺术家的作品。

炉灶上方的吊柜。没有专门的餐具架，只保留能够放入橱柜的餐具数量。打开门时，所有东西都能一目了然。没有任何不使用的餐具。对于木村女士来说，打开门后能够通过一个动作轻松取出和放回餐具，是她感到舒适的标准。

收纳规则

规则1

简单至上
易于使用，易于放回。

规则2

一目了然
打开柜门，里面的东西全都看得见。

规则3

可视化宽松布局
经常要用的物品，摆放要宽松一些。

（上）炉灶下方。小煮锅和平底锅放在上层，下层是用于煮饭的不锈钢锅和珐琅锅（大约18年没有使用电饭煲了）。木铲等厨房工具放在镶蓝边的玻璃瓶里。（下）水槽下方放的是大餐盘，款式不一的餐具之间要留一定的距离。木村女士经常买花回来，家里有大大小小很多花瓶。

炉灶旁边。常用的调料放在玻璃容器里，便于掌握存量。用喜欢的容器，做饭也会变得更有趣。

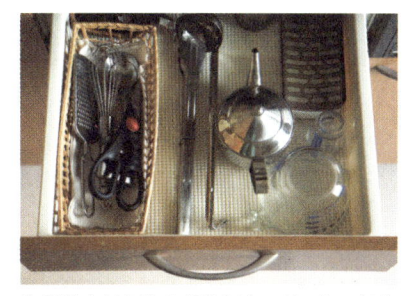

这是除木制品外全部的厨房工具，每天都能用得上。颜色主要是银色、黑色和灰色，比较统一。

每天都要煮咖啡的咖啡角设置在炉灶附近，高度适宜，便于加水、拿取和放回。

水槽旁边。常用的砧板立在侧面，偶尔使用的竹编笊篱放在里面。保存容器选择的是方便保持清洁的玻璃制品。

这里是女儿小时候自己做的茶杯，还有在波士顿、新西兰买到的杯子。

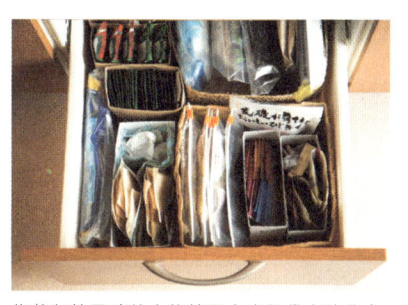

像茶包等零碎的小物件用牛皮纸袋大致分类，一目了然。

storage

垃圾扔在小铁皮垃圾桶里，满了后就倒进厨房门口的大铁皮桶里。

用过的抹布暂时放在玻璃瓶里，晚上一起清洗。绿色瓶子是家里唯一一瓶洗涤剂。

水槽下方。里面是垃圾袋和拉链式保鲜袋。靠外侧的纸袋里是每晚打扫时要用的抹布和小苏打。

45

能够平衡身心的健康早餐　　　木村女士家的早餐

生姜蔬菜汤（3人份）
① 将家中现有的3~4种蔬菜和1小块生姜切成任意形状。
② 在锅中加入3杯海带水,再放入所有蔬菜,开火煮至蔬菜变软。
③ 加入盐、胡椒粉、香醋、肉豆蔻和小茴香等调料,或者按自己的喜好调味。
＊海带水就是用干燥的海带泡的水,至少泡3小时。水和泡好的海带均可用于烹饪。

煮苹果（3人份）
① 将1个苹果连皮切成8等份,再加入1小把葡萄干,加水没过苹果,盖上盖子一起煮。
② 等煮沸后,再开盖煮3~5分钟,最后撒一点肉桂粉即可。

鲜切水果、青汁混合饮料、法棍面包和芝士

食材丰富,烹调简单,看起来就很有食欲。一家人都很喜欢户外,所以每天早中晚三顿饭都在阳台吃。

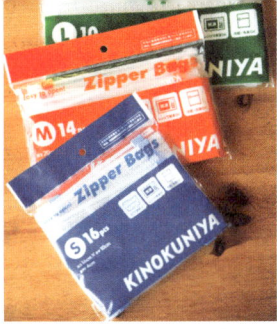

冷藏或冷冻食材，用的都是拉链式保鲜袋。这种保鲜袋不仅型号多样，而且样式简单、方便使用。

木村女士喜欢感受新鲜空气，悠闲地享受时光。室外阳台上放置盆栽的木制收纳柜是女儿小时候用的儿童厨房。她喜欢被自己喜欢的东西所环绕，并且愿意花心思去反复使用这些物品。

（左）冰箱里常备海带水（用海带泡制）。它是煮高汤、做味噌汤和炖菜时不可或缺的食材，里面的海带可以煮来吃。（右）自制的糠渍（一种日本咸菜）、梅干等也放入玻璃容器中冷藏保存。

MY STYLE | 做饭时轻松，吃饭时才能更快乐

我们家的厨房经历了一系列变迁：从我们夫妻俩都是上班族时，常常外食，偶尔在家简单快乐地做点饭菜；到女儿在纽约出生后，每天忙着做汉堡、炸鸡等丰盛大餐；再到搬到千叶后，开始注重营养均衡和饮食安全，认真对待每一餐；还有在胡志明市时，巧妙地利用各种食材进行烹饪。现在，我们的饮食变得更加灵活，既可以外出享受周边的美食，也可以在家享受利用新鲜食材烹饪的乐趣。

周末，丈夫会熟练地为一家人做意大利面，女儿心情好时也会主动洗碗。我会在力所能及的范围内，自在随意地挑选安全、健康的应季食材。考虑到家人的健康，我会根据每个人的身体状况准备适合他们的食物。我会在意"按时吃饭"和"吃饱吃好"。这不仅仅是为了填饱肚子，而是希望大家能一边笑着说"真好吃"，一边愉快地享用。

这也同样适用于来我家做客的朋友。将平常的菜肴盛放在我最喜欢的餐具上，大家吃得开心，我就会很幸福。我也喜欢独自悠闲地享用餐点。我感激身体能够享受到它所渴望的东西。近来，我对那些能让人感到"宁静"和"温柔"的食物产生了兴趣。

一切都追求功能性的厨房。餐具架用的不是双开门，而是畅通无阻的推拉门。做菜的时候要用大碗来当洗菜盆，所以右侧一直是开着的。

川崎朱实女士

- 在东京生活和工作
- 与丈夫、长子（大二）、次子（高三）、三子（高一）和小儿子（小学五年级）同住，共一家六口
- 厨房 6.07 m²
- 房龄 4 年

惯用脑
输入：左脑
输出：左脑

人物简介

在东京八王子，川崎朱实女士开办的"优质生活工作坊"因其精湛的收纳技术而备受好评。她致力于创造让女性绽放笑容的日常生活，提供让妈妈安心的收纳技术和适合家庭成长的收纳设计方案。

范本 6

功能性厨房，让人身心自由、满面笑容

从总是笑声不断的餐桌望去，活泼的厨房设计让人一见钟情。乳白色的三盏吊灯散发出的温暖光线也让人非常喜欢。

川崎朱实女士说："这个厨房没有浪费任何空间，非常实用。不仅烹饪变得轻松，收拾的时候也很快乐。"

宽阔的柜台，装盘和上菜都很方便。川崎女士的丈夫每周都会下厨，孩子们也会自己动手做一些简单的菜式。男人就是要多多下厨呀！

物品都收纳进柜子里,打扫起来非常容易。设计时确保餐具架和冰箱在同一水平面,没有卫生死角。水槽和餐具架之间的过道足足有89 cm宽。地上没有铺垫子,打扫很方便。

餐具架左侧是保健饮品组合、健康食品和不常使用的餐具。最上面的架子上是结婚纪念日时收到的纪念品。

my favorites

（左上）除常用的筷子和汤勺，其他餐具分类后集中收纳，贴上标签，便于全家人快速取用。（右上）放在木制托盘上的晨间健康饮品组合（杯子、咖啡、红茶、可可、抹茶、白砂糖和搅拌勺），直接端出来，可以自助饮用。（左下）方便购买的无印良品白瓷碗，型号统一，方便叠放，也可以放入洗碗机。（右下）蛋白粉、白砂糖等装在透明容器里。

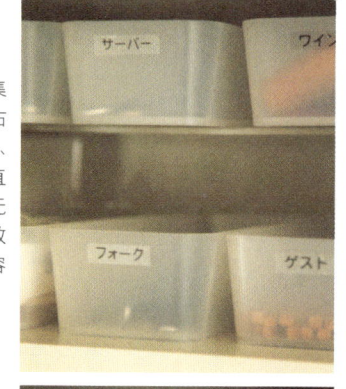

厨房配置简单，
家里的男士也爱上了下厨

"每周我先生至少会做一次饭，儿子们也会自己烤肉、做拉面。"听到川崎朱实女士的话，我很难想象她家的厨房竟然可以这么干净、漂亮。

其实她也曾有过由于流感卧床不起，丈夫不停地问"酱油在哪儿""白砂糖呢"等问题，而不得不挣扎着爬到厨房找东西的经历。此外，她还曾因为房间整理得不够好和家务做得不够完美，而把怒火发泄到孩子们的身上，导致自己十分后悔。

这时，川崎女士的脑海中忽然有了一个念头："我需要的是轻松的心态。从现在起，男人也要进厨房！"于是，她着手打造一个每个人都能找到物品位置，便于所有人使用的高效厨房。可堆叠的器皿、易于取放的布局和收纳、定位管理和标记……将厨房里的一切彻底合理化的结果是，川崎女士获得了渴望已久的身心放松的"呼吸"。

所有行动都比以前更高效，连收拾打扫都变得愉快。最重要的是获得了心灵的呼吸和时间的余裕，终于可以享受生活了。

川崎女士说："这间厨房让我喜欢上自己，也让男人们爱上了下厨。"

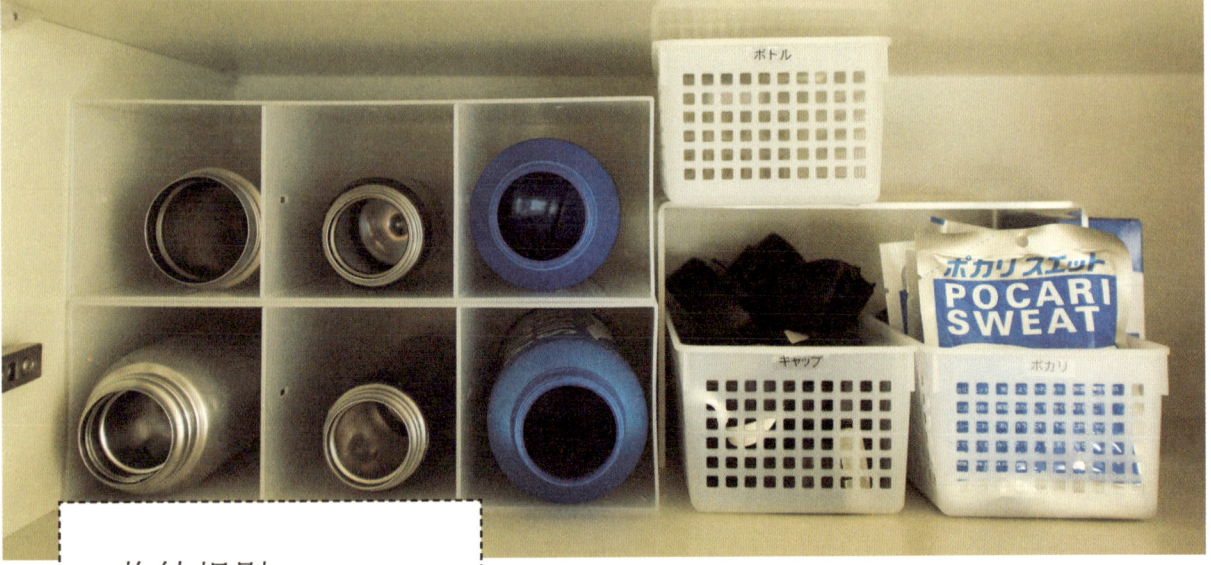

角落里放着全家人的保温杯。选用无印良品的原色三层抽屉收纳盒，取下抽屉，用边框收纳保温杯杯身。杯盖单独放在从百元店买的方形篮子里，防止杯口的密封垫圈发霉。保温杯套也单独放在一个篮子里收纳。

收纳规则

规则1
可单手拿取
一只手就可以拿起的重量和收纳方法，干起活来没有压力。

规则2
节省空间
精心挑选要使用的物品，减少库存。

规则3
贴标签
方便查找。减少或不再发出"咦，在哪儿"的疑问。

storage

保温杯和杯盖分别存放，电解质补充剂也一并放在保温杯专属收纳区。这样一来，就无须四处寻找，即使是上小学的小儿子，在出门时也能自己轻松地泡水喝。

水槽下方。只放那些在用水区域方便使用的东西。筷子和勺子也能单手拿取。

炉灶下方。抽屉里放的是自己喜欢的和给客人用的马克杯，烧水壶也放在里面。

大米、干货、意大利面和苏打水起泡机等。左下角那一格放的是朋友送的东西。

左边是罐头、即食食品等，少量存储，方便管理。右边是大米和杂粮。

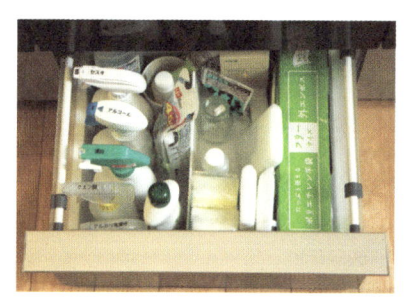

炉灶一侧的调料区，统一放在相同的容器中，干净整洁。贴上标签，拿取方便。

清洁工具和洗涤剂类。洗涤剂是喷雾式的，省去盖盖子的麻烦，功能简便，使用方便。

为了让垃圾桶的盖子更容易打开，取消了橱柜里的抽屉。垃圾袋则用撑杆固定。

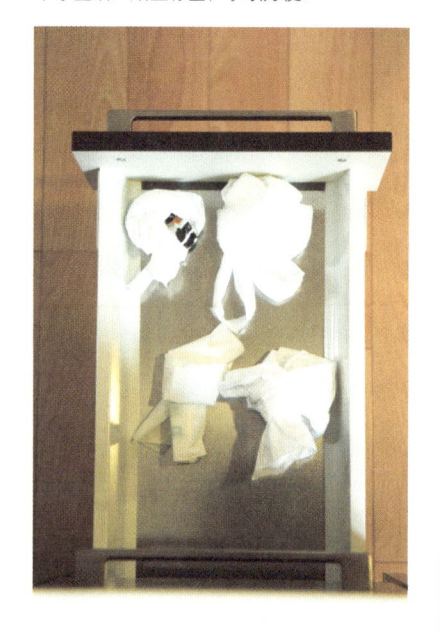

为了方便大家使用，超市里的塑料袋都收纳在靠近走廊的抽屉里，并只保留能放入该抽屉的量。

存放饭勺、剪刀、油性马克笔和黄油刀等使用频率高的物品。

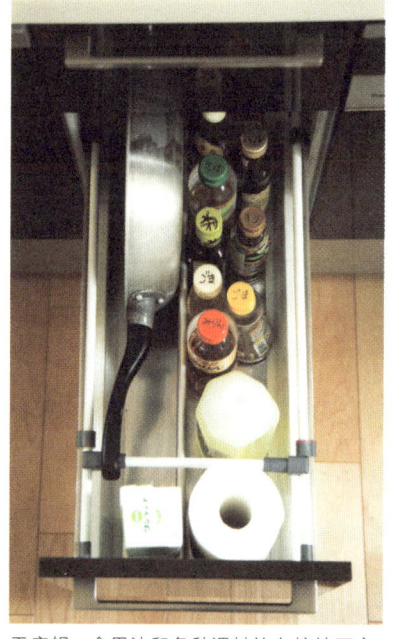

平底锅、食用油和各种调料放在炉灶下方。调料的盖子上用油性马克笔做了标记。

53

简单快手的日常能量早餐　　　　　　川崎女士家的早餐

胡萝卜肉末饭（容易做的量）
① 将1根胡萝卜切成小丁，300 g 猪里脊搅打成肉末。
② 在平底锅中加入少许食用油，依次倒入胡萝卜丁和肉末，翻炒均匀。
③ 炒熟后，加入适量的白砂糖、酱油和料酒等调味。
④ 将胡萝卜肉末盖在热乎乎的米饭上面，再打入1个无菌蛋即可。
* 可用其他蔬菜代替胡萝卜，保证维生素等营养物质摄入；肉末也可以买现成的或提前备好。
* 剩下的胡萝卜肉末可以放入密封容器中冷藏保存，吃的时候加热即可。

简单、快捷、量大的日常早餐。川崎女士每天早早起床后要准备 2~3 份便当，因此早餐一般比较简单。

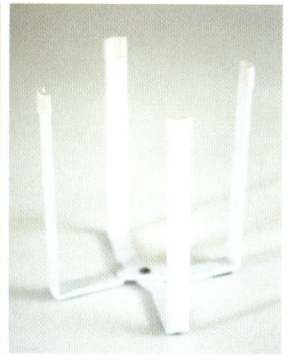

（左）川崎女士的丈夫喜欢把垃圾袋挂在宜家的挂钩上。
（右）来自山崎实业（YAMAZAKI）的产品，既能当杯架沥水，也能撑开塑料袋装厨余垃圾，简单又实用。

MY STYLE | 厨房是孩子成长过程中不可或缺的场所

孩子小的时候，我会送他们儿童专用的菜刀，教他们如何切蔬菜、削苹果，然后一起做饭，边吃边感叹"真好吃"。我很怀念他们饭后踩着小凳子，用小手努力洗碗的样子。随着孩子们上了中学，我会为他们准备社团活动后的食物，以及考试期间补习后的夜宵……这些育儿的场景都离不开厨房。

现在，当大家聚在一起做汉堡、饺子、炸鸡、咖喱等美食时，我会想象他们兴奋地说"哦，咖喱，太好了"的场景，这让我感到无比的快乐。每次和还在上小学的小儿子一起在厨房忙碌时，我都会明显感觉他又长个儿了。他会做一下拧瓶盖等力所能及的事情，这些小事让我清楚地感受到他在长大。尽管他现在还只会做鸡蛋卷，但他依然会努力用平底锅做给我吃，我每次都会一边吃，一边称赞："味道不错啊！""你又进步了！"这些都是幸福的时刻。

一家人一起吃饭的时候，孩子们会聊起自己的朋友和在学校发生的趣事，不知不觉间总是笑声不断。大家一起生活的日子非常有限，终有一天他们会成家立业。在那之前，我想用陆续收集而来的能感受到自然的笠间烧和萩烧陶器[*]，和他们一起悠闲地品尝美食。

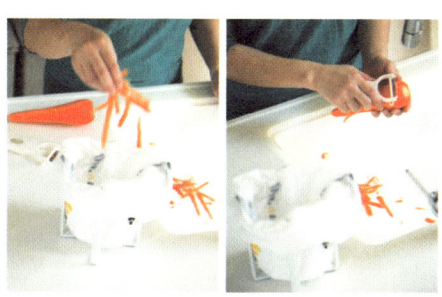

[*] 笠间烧是日本关东地区最古老的陶器之一，其风格和样式非常自由，不受传统和格式的限制；萩烧则是日本山口县萩市一带地区所生产的陶器，具有良好的保温性能。

55

范本 7

一个赏心悦目、
操作轻松便利的厨房

注重视觉效果的右脑型女主人。厨房正对面的开放式置物架上摆满了心仪的物品，从客厅或厨房看过去，一览无余。

瑞穗真木女士

- 在东京生活和工作
- 与丈夫、女儿（26 岁）、儿子（24 岁）同住，共一家四口
- 厨房 5.8 m^2
- 房龄 16 年

惯用脑
输入：右脑
输出：右脑

人物简介

瑞穗真木女士曾被"强迫症"逼得喘不过气，尝试了各种各样的收纳方式之后，踏上了最解放自我的生活管理师之路。后来，她成立了自己的工作室，为客户提供一对一、面对面的咨询指导和服务。每天在脸书（Facebook）上更新"自我美化计划"，深受好评。

在餐桌和厨房之间设置了一个浅层抽屉收纳区。除厨房工具以外，还可以放一些香氛精油和营养补充剂等。

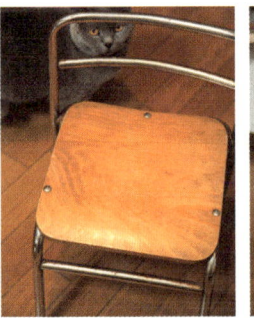

瑞穗真木女士给人一种温和的印象，很难想象她曾经是一个对自己和家人都很严格的人。她笑着表示，自从和女儿一起开始整理家务，她放下了自己的坚持，和家人的关系也变得更加轻松。家里的三只猫也是重要的家庭成员。

拆除吊柜，改装后的厨房看着更清爽了。餐具都放在柜台上。她喜欢铬白的家具以及天然材质的物品，比如竹编篮子和木制托盘等。她不喜欢一味地极简，而是偏爱那些能感受到手工痕迹的物品。玻璃灯罩是路易斯·波尔森（Louis Poulsen）品牌的。

（左上）中间一层放着新潟槌起铜器的茶壶和恺尔乐（KÄHLER）的房子状陶瓷烛台等，开放式架子上摆放着的都是心爱之物。（右上）常用的杂粮和天然高汤放在柜台上，储物罐是高中时买的，已经用了很多年了。（左下）浓缩咖啡胶囊放在DIY的轨道上。（右下）电饭煲等家电选择简单的款式，够用即可。下方的白色大型垃圾桶是已用了15年的心选好物。

my favorites

路易斯·波尔森的PH 2/1 灯具，由玻璃和铬材料制成。虽然设计简单，但给人一种温暖的感觉，是瑞穗女士的心爱之物。

上面一层的玻璃瓶是古董，里面装着每次去夏威夷时捡回来的海玻璃、贝壳和珊瑚等。下面一层除了玻璃杯，还有住在夏威夷莫洛凯岛的妹妹赠送的火王（Fire-King）的藏品。每一件的使用频率都很高。

放下心中的执着，轻松自在地生活

　　瑞穗女士喜欢开放式的柜台和置物架，便对厨房进行了改造。她说："映入眼帘的事物会左右人的心情。"所以上面摆满了她的心爱之物。而那些看不见的地方，则按照"轻松至上"的原则适当收纳。

　　说起来，瑞穗女士曾经也是一个极致的完美主义者。在工作的同时，还要一丝不苟地履行妻子和母亲的职责。慢慢地，在"必须做什么"和"应该怎么样"的驱使下，她对自己和家人都变得非常苛刻，与孩子们之间发生了无数次冲突。

　　成为生活管理师之后，她重新审视了自己，变得更善于放手。不太舍得扔的东西就在自家门前摆一个临时的跳蚤摊，上面写着："请自取。"后来，她也逐渐学会了放弃"必须"。厨房的"食物采购负责人""烹饪负责人""饭后收拾负责人"也变成了孩子们。保持刚刚好的距离感，享受轻松，瑞穗女士开始学习新的知识，迎接工作上的新挑战。

置物架上层摆放的是一样的篮子，篮子里面分别放着点心、速食、挂面和备用的空罐。白色的篮子来自宜家。

收纳规则

规则1

简单至上
越简单，越轻松。

规则2

迅速归位
动线设计合理，物品位置靠近使用场景。

规则3

固定位置、贴标签
任何人都可以轻松找到。

柜台上的餐具盒旁是一个筷子盒。这是艺术家野村玲子的作品，木制的盒体上用草木的靛蓝染上了图案。原本是砚台盒，但大小正适合放筷子。黑色是用具有杀菌效果的木醋染成的。

纵深 25 cm 左右的台面储物架。可存放茶具、玻璃杯、文具、电池和灯泡等。

水槽下方的抽屉。里面放着备用的洗涤剂、塑料袋、抹布和蜡烛等，还有可循环利用的回收箱。

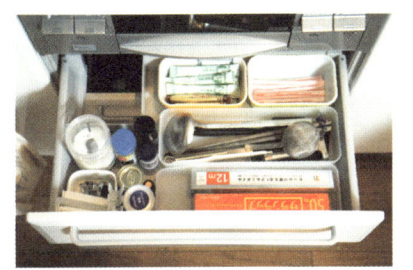

煤气灶下方的上层抽屉。厨房工具、调料、汤料和砂糖等都放在这里。

燃气灶下方的下层抽屉。大锅和平底锅。外侧的调料瓶是方便更换的款式。

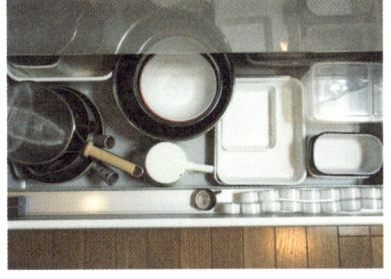

水槽下方。笊篱是厨房必不可少的过滤工具。白釉砂锅已经使用超过 25 年了，虽然把手部分已经掉了。储存容器来自野田珐琅。

餐具按类型和尺寸分类，直接摆在台面上，便于将整个篮子端到餐桌使用。收纳筐有 3 种尺寸，可组合，可叠放。

从各处收集的喜欢的竹篮，轻便又美观，统一放在冰箱顶部。里面会时不时放一些东西，小猫偶尔也会钻进去。

storage

61

稍显放纵的甜蜜早餐　　瑞穗女士家的早餐

今日早间点心：水果蛋糕卷
美味自制奶茶
在预热的茶壶中放入优质红茶，迅速倒入刚烧开的热水，立刻盖上盖子焖一会儿。然后倒入茶杯中，再加入牛奶。
蔬菜：精心挑选了红、黄两种颜色的小番茄。生菜上淋了山椒风味的橄榄油。
坚果类：喜欢核桃和杏仁。

餐盘和马克杯是玉制品。牛奶壶是古董，茶壶来自韦奇伍德（Wedgwood）。喜欢的东西要经常使用。

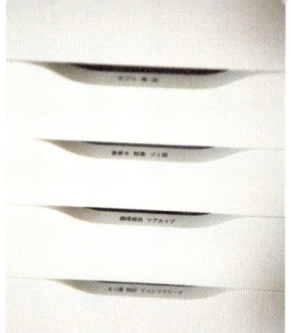

宜家的抽屉式储物柜放在开放式餐厅，用于存放使用频率较低的厨房工具、药物、营养补充剂类和香氛精油。当抽屉打开时，边缘的标签清晰可见，方便任何人查找。即使抽屉门关闭，标签虽然不那么显眼，但在需要时依然能够轻松辨认。

冰箱里的蔬菜格。用小纸袋进行分类，摆放时注意颜色搭配。最靠近外侧的位置放着备用纸袋，弄脏后随时替换。

MY STYLE | 我喜欢现在这种对自己和家人都好的生活方式

不堪回首的育儿生活已经离我远去了。现在，女儿已经可以独当一面地在厨房里忙碌了。一开始，她负责食材采购，后来她也承担起了烹饪和饭后收拾的工作。而我则可以在饭前小酌一杯，或是偶尔下班回家问一句："今天吃什么？"

我发自内心地感激我的女儿。打扫虽然是我负责的，不过做饭和采购的工作少了，现在我也能做自己想做的事情了。我很享受成年后自己选择的学习和人际关系，在饮食方面也相当自由。

我坚信"身体想吃的东西就是对身体有益的东西"，早餐从蛋糕等甜食开始。不过，我的规矩是要等到肚子饿得"咕咕叫"时再吃饭，基本一天就吃一顿半或两顿。如果吃三顿饭，我会觉得对身体和肠胃都是负担。

开放式一体化客餐厅是一个总会有人在的地方。大家互不打扰，可以各自做着喜欢的事情，也可以在遇到有意思的事情时一起哈哈大笑。孩子们成年后，我们能一起生活的时间会越来越少。正因为这样，我希望大家在家时能感受到彼此的存在，空间布置得让每个人都感到放松。长大真是件美好的事情。

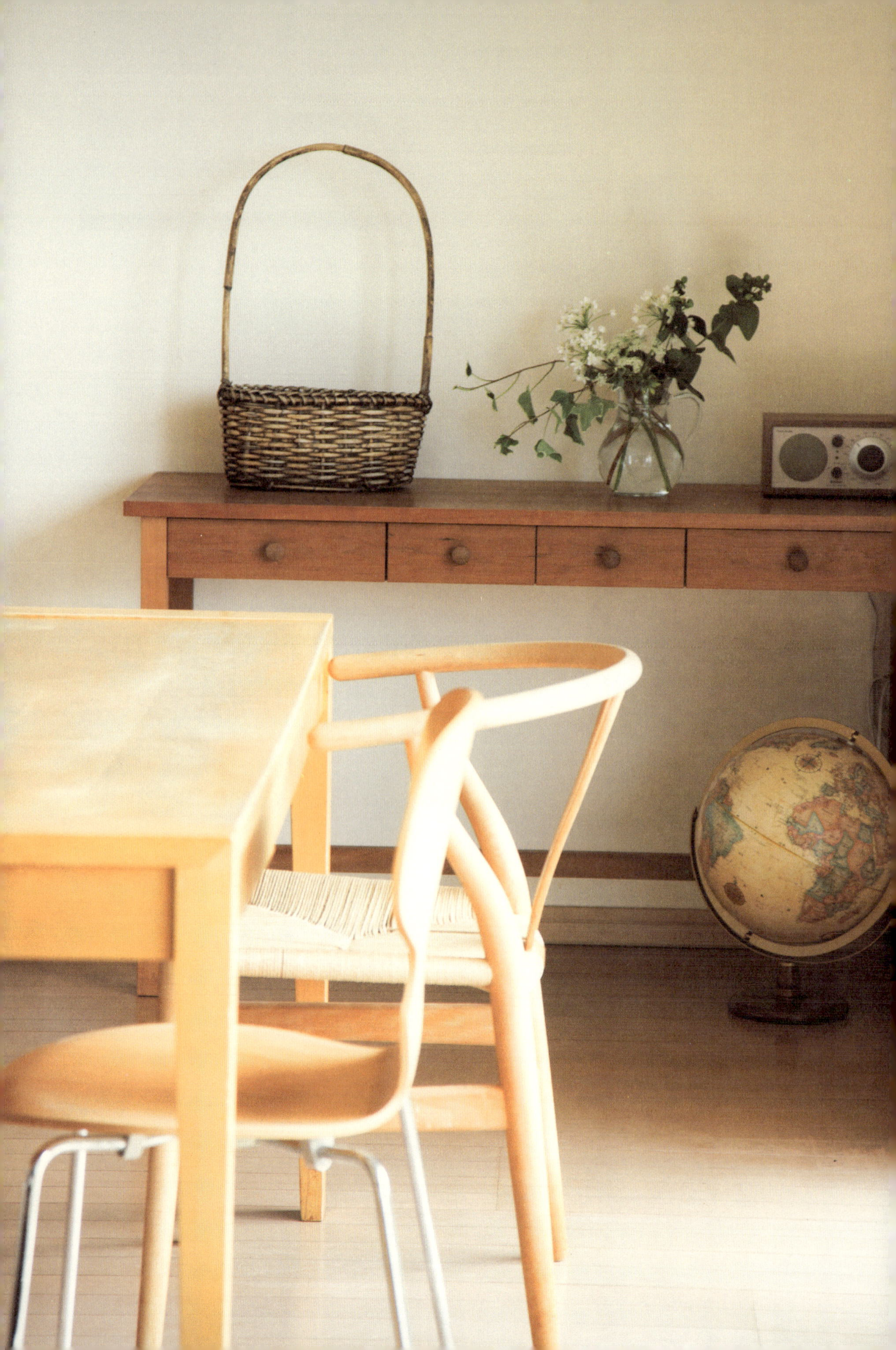

第 2 章
厨房特别讲座

大师级生活管理师倾情传授，
关于厨房管理、厨房改造和
厨房清洁的实用知识。

讲座 1

铃木尚子的厨房管理入门讲座

本书中的生活管理师们是如何找到"适合自己的厨房风格"的呢?下面我将以我家的厨房为例向大家介绍生活管理的思考方式和过程。

厨房是家中一切事务的起点。如果厨房布置得美观,令人轻松、愉悦,生活也会更顺畅、更舒适。

讲师:生活管理师

铃木尚子

我们家的厨房以前只是我一个人工作的地方,但自从整理后,变成了一个全家人都能享受的空间,丈夫会做饭,孩子们也会煮饭、洗碗。

第1步 | 什么样的厨房适合"我"?

认真思考

什么样的厨房最舒服?

所谓"生活管理"的整理收纳术,第一步就是"思考的整理",也就是深思熟虑。"什么样的厨房能让每天都过得开心呢?"

恐怕每个人都有不同的答案。每天准备手工零食的妈妈、上班族、家里人数众多的大家庭……每个人理想中的厨房形态当然会有所不同。就我自身而言,这几年的生活方式也发生了很大的变化。做专职主妇的时候,什么时候想去厨房就去厨房,想待多久就待多久。可是开始工作之后,我进厨房的时间、对厨房的要求就截然不同了。

工作日主要是回家后15分钟内就能完成的简单菜肴。要么是蒸的,要么是烤的,或者是煮的,总之是简单快手的"快餐"。毕竟不能让孩子饿着肚子等太久。因此到了周末,我会做稍微复杂一点的菜式,和我先生一起开一瓶香槟。看到家人心满意足地吃着我尝试的新菜肴并夸赞"好吃"时,我会感到非常幸福。这就是我现在真实的生活。

我建议大家,了解什么样的烹饪器具和餐具能让自己感到舒适,什么又会让你感到压力……从认真思考和了解自己开始,理想的厨房就会逐渐浮现出来。

从小就很喜欢描写厨房的故事。长大以后又把上幼儿园时经常读的绘本重新买回来,再次感受到了快乐。

从这个角度看家里的厨房,真是非常喜欢。这个像驾驶舱一样的厨房,塑造了家人的健康和性格。一想到这里,我就充满使命感。与此同时,我也希望它是一间被自己喜欢的东西填满的、用起来得心应手的、令人感到舒适的厨房。

第2步 | 你真正喜欢并想用的东西是什么？

精心挑选

选择留下什么

在自己的厨房里，什么东西会让你觉得"要是有它就好了"呢？

一般的整理技巧鼓励你"扔掉不需要的东西"，但"生活管理"的理念恰恰相反。一切要从挑选出自己理想的生活所需要的、喜欢的、重要的东西开始。为此，你需要了解自己的"价值标准"。这可以是一些简单的事情。比如，我家的厨房就是以我喜欢的材料和颜色——"不锈钢""黑色"和"木头"为基础来整理的。所有看得见的地方都以此为标准来选择，这样买东西的时候就不用再纠结了。

相反地，"不喜欢""有压力"也可以作为选择标准之一。比如，我不喜欢把擦桌子的抹布洗了又晾。所以，我会选择一次性抹布。这样"了解自己"，选择物品就会变得非常简单。因为清楚现在的自己不需要什么，东西自然就少了，生活就会变得简单。

简单的菜式更注重食材和味道，好吃的菜离不开调料。家里用的料酒、醋和味醂等都是经典品牌。

一次性抹布。可以用于擦拭桌子和厨房，最后还可以用来擦地板。

善用惯用脑

当然，根据惯用脑来进行物品选择和分类，也是非常不错的方式。现在一起分分类吧！将物品按照自己列出的关键词进行分类，重要的东西和不需要的东西就一目了然了。

给左脑型人士的建议		给右脑型人士的建议	
使用频率		情感	
每天使用	每月使用1次左右	很喜欢	工具
3年以上未使用（不需要的物品）	每年使用1次左右	不喜欢（不需要的东西）	犹豫

厨房中坚硬的不锈钢、硬朗的黑色工具，以及温暖的原木，这些组合在一起是我偏爱的风格。保鲜膜和铝箔纸直接用原包装就很方便，但我不太喜欢那些花花绿绿的包装和密密麻麻的文字。黑色外壳设计简洁，让人心情舒畅。

第3步 | 放在哪里便于使用？

确定物品的位置

越是经常用的东西越要放得近

一旦决定了要在厨房里使用什么，下一步就是考虑把它们放在哪里。东西只有在使用后有了归宿，才能被放回原处。这就是要确定物品存放位置的原因。关键是物品的位置要靠近使用场景。也就是，如何站在原地把事情做完。比较常用的物品也应该放在专门的位置，而不常用的物品可以放得远一些。

以我家为例，忙碌的工作日，做饭和收拾都得速战速决。厨房台面上方的吊柜里收纳着平时使用的白色餐具，做好饭后直接从这里装盘，洗好晾干后又立刻放回原位。不管多么喜欢的餐具，不常用的都不会放在这里。

无压力的布局

水槽旁边的抽屉里，放着精心挑选的几个常用的大碗。以前，所有的碗、洗菜盆和笊篱都统一放在炉灶旁边的储藏区，但洗菜要用时就不得不去拿，水滴得满地都是，很不方便。于是就变成现在的样子。以前厨房纸也是卷筒型的，手湿的时候总是扯不断弄得人很烦躁。现在改用抽纸型的，拿掉外包装直接放在抽屉里，方便多了。通常，要用洗菜盆和笊篱时，往往也会用到厨房纸，所以把它们放在一起。

厨房旁边的食品储藏区里放着成套的餐具，通常在休息日或有客人来访时使用。结婚时，我从妈妈朋友那里接手的旧餐具架现在依然在使用。此外，为了防止忘记食用储存的食品，我把它们都装在玻璃瓶中，并放在没有盖子的收纳盒中，固定位置，定量管理。

每件东西都有自己的位置，就不会总是到处找了，用完之后也不用烦恼放哪里，非常方便。

供客人使用的筷子、餐具和杯碟都放在餐桌附近。

便当盒等放在灶台下最上面一层的抽屉里。

水槽旁边的抽屉里只放常用的洗菜盆和笊篱。经常需要一起使用的厨房纸也从包装盒里拿出来直接放在抽屉里。

（左上）精心挑选出几个平日里经常使用的餐具放在吊柜的最下层。基本都是和洗碗机搭配的白色。（右上）运动会或野餐时才用的使用频率较低的便当盒等放在高一点的位置也无妨。（左下）周末或招待客人时使用的餐具放在厨房旁边的食品储藏区。（右下）所有食品分门别类，贴上标签或进行可视化管理，一目了然。

第4步　有没有什么方便取用和归位的收纳方法？

要收起来

方便物品使用者

在实际收纳物品时，最重要的是要确保对使用者来说方便取用和放回。例如，如果你想让孩子自己准备零食，就需要将物品放在孩子够得着的高度。可以的话，零食的罐子和杯子最好放在孩子一眼就能看到的地方，这样孩子就可以轻松拿取了。

我之前把煮好的大麦茶放在冰箱的门袋里，结果孩子每天要喊我好几次"妈妈，倒茶"，我觉得压力好大，于是我就把它挪到孩子可以轻易够到的蔬菜保鲜格。我准备了两瓶大麦茶，并告诉女儿"从前面那个开始喝"，即使她当时只有3岁也能自行拿取。自从她能独立完成这些事后，我感到轻松多了。

塑料瓶和土豆等都放在木箱子里，直接摆在外面也好看。

收纳要简单

收纳方法中"一步式操作"是最理想的。每增加一个步骤，如"打开门""取出盒子""打开盖子"，事情就会变得更复杂，取出和放回都会很麻烦，最终可能导致物品散落，造成混乱。

在我们家，厨房用具和其他日常用品都放在炉灶附近。不过，我们对设计和颜色都很讲究，会精心挑选一些看起来简单、整洁的物品。其他物品，如餐具和烹饪用具，也可以在打开门或抽屉的一瞬间取出。

收纳没有标准答案，每个人都有自己的使用方法。重要的是要找到适合自己的。即使是一个煎锅，有人喜欢把它立在盒子里，有人则喜欢挂在墙上，使用方便性因人而异。收纳用品也不要一开始就全部配齐，可以先用纸袋等代替，观察一下情况。如果觉得使用舒适，再用自己喜欢的收纳用品来完善。

餐桌边的小格子里分门别类地放着筷子和刀叉等餐具，方便孩子帮忙。

（左）台面下方的储物空间是孩子方便拿取的区域。孩子不仅可以自己泡茶，还会从右边的白色盒子里把米盛出来，帮忙淘米做饭。（右）夹子和牙签等全家人都要用到的东西，和刀具一起，放在水槽附近最便利的抽屉里。

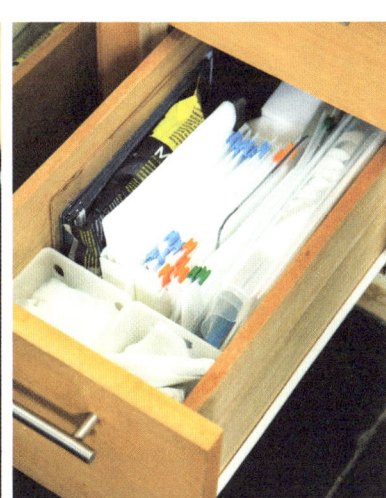

（左）把零食和杯子放在孩子便于拿取的高度，方便女儿自行取用。（中）把超市里的购物袋和塑料袋卷起来随手放进去。（右）一丝不苟的女儿把大塑料袋叠得整整齐齐，放在抽屉里。

（左）在无印良品的盒子里放一块海绵垫，用来收纳水果叉。（右）厨房餐桌附近的收纳区放着供客人使用的杯子、茶碟、杯垫和勺子等。物品的存放位置靠近使用场景，是我的收纳准则之一。

第5步 它符合你当前的生活方式吗？

偶尔重新审视一下

用起来是否方便

选择对自己来说重要的东西，决定存放的位置，并进行收纳。如果能做到这一点，厨房和心情都会变得相当清爽，不是吗？先按照这种方式实践一段时间，如果说一个月后还能维持住，就说明这个格局对使用的人来说是适合的。相反，如果发现有难以使用、开始散乱等问题，那么就需要思考一下原因。是东西太多了？拿取困难？放回不便？没养成使用过后放回原处的习惯？垃圾处理不及时，还是没时间收拾？请重新审视一下物品的数量、布局、收纳方法和收纳工具等各个方面，并在能改善的地方改善。在反复试错中，找到适合自己的收纳方式。

从厨房可以看到的小黑板，它是管理学校打印文件、备忘录、留言板等的信息角。

不断变化的生活方式

即使你现在有一个适合自己的厨房，但随着时间的推移，孩子长大了，工作方式变了……家庭的生活方式和居住方式也会发生变化。

几年前，每天为上幼儿园的女儿准备便当是日常任务，但现在变成了给上初中的儿子准备便当。由于我平时要上班，家里常常没人，所以作为母亲我还多了一项工作，那就是在儿子去补习班之前，准备好饭团和简餐，然后放到冰箱里，等儿子自己拿出来做成便当。现在，儿子和女儿都已经长大了，能够熟练地煮饭。再过几年，他们也许会自己做点心和简单的饭菜了。

随着家庭成员生活方式的不断改变，厨房的风格也会随之改变。不知不觉间，就会出现越来越多不能用的东西。所以，时不时重新审视一下是非常必要的。为了打造一个与当前生活方式相匹配的厨房，需要不断地进行个性化调整，这正是维持一个轻松、愉快且美观厨房的秘诀。

每隔一段时间，当我再次翻看时，就会发现一些不适合我现在生活方式的东西，比如闲置的厨房工具和蛋糕杯。

我很喜欢做饭，但讨厌洗碗。厨房的水槽设置在能看到餐厅的地方，可以一边和家人说说笑笑，一边收拾厨房，丈夫和孩子也更经常洗碗了。

讲座 2

森下纯子的厨房改造入门讲座

我认为厨房要改造，就一定要比现在更漂亮、更好用。可是，要以什么标准进行选择呢？让我们一边参考可丽娜厨卫（Cleanup）的厨房设计，一边学习厨房改造的小知识点吧！

以可丽娜厨卫的展示间为例。

讲师：住宅管家

森下纯子

18 年室内改造设计经验。在收纳和室内装饰的样板房监督等方面，因其重视从思考出发进行整理收纳的理念而广受好评。出版书籍《没有收拾不了的房间》。

想要一间什么样的厨房？谁来使用？想如何度过？想用哪些物品？整理好思路之后，就离梦想中的厨房更进一步了。

你心目中的理想厨房是什么样子？

焕然一新的厨房，真是想想都令人激动。

样板间里有很多漂亮的厨房，让人难以抗拒。但不管是要改造还是要为新居设计厨房，一开始我们都要好好想想，自己想要一间什么样的厨房？除了室内设计之外，还要考虑"孩子能够如何帮忙""如何更高效"等。认真思考什么样的厨房能让我们心情舒畅地在里面工作。

有了明确的概念后，接下来就是物品的选择。不是试图把现有的所有物品都塞进去，而是要谨慎地挑选你在新厨房真正想用的、有用的且喜欢的东西。建议大家仔细倾听自己内心的声音，按照自己的价值观

集成式厨房的优点在于，可以根据个人喜好选择颜色和材料，实现厨房和餐具架的整体设计协调。

做出选择。

现在是一个放手的好机会，把不再需要的东西都扔掉。比如那些以为会带来方便，结果买回来完全用不上的、不喜欢的或一直束之高阁的餐具；或是出于惯性一直保留的锅具和厨房工具等。如果现在正在用的厨房早已"物满为患"，那么"做减法"也是一项重要的工作。

选好对自己来说重要的物品之后，下一步就是将它们归类，比如同类或一起使用的餐具、器皿和食品。再按使用频率划分，比如每天使用的物品和每年使用一次的物品。

存放和收纳的基本原则：
横向是"工作三角区"，
纵向是"黄金区域"

放在哪里会更轻松

一旦选择好必要的东西，就该选择厨房了。设计当然很重要，但能让人在不移动的情况下轻松工作也非常重要。厨房的大小和类型取决于房屋情况。不过，追求高效的存放和收纳是最基本的。

首先，"横向移动"连接炉灶、水槽和冰箱的工作三角，理想的动线是三边总和在3.6~6.6 m之间。"纵向"则是要看是否充分利用了从眼睛到膝盖的这段视线黄金区。同时，也要确认最新功能是否适合使用者。

可升降吊柜
难以触及的吊柜就在眼前，非常方便！它不仅增加了收纳空间，还可以作为烹饪时放置碗盘的工作台，甚至可以代替沥水篮，使用起来非常顺手。这样的设计让工作台面更加宽敞，可以充分利用黄金区域。还有一些型号可以对砧板和抹布进行除菌干燥。有手动和电动两种类型，可以根据预算进行选择。

这里也要注意！

需要用到料理机和打蛋器等厨房家电的朋友，别忘了在工作台面上安装插座。

理想的工作动线，轻松配置的工作三角，记住以下距离：
① 水槽到炉灶：1.2~1.8 m；
② 炉灶到冰箱：1.2~2.7 m；
③ 冰箱到水槽：1.2~2.1 m。

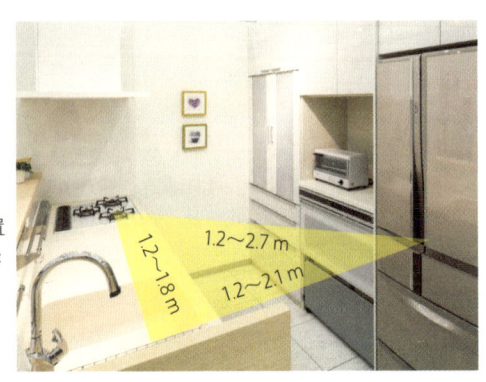

打开抽屉一目了然

收纳的基本原则是要有全局视野（即能够清楚地看到整体）。具有充分收纳能力的抽屉，无须费力寻找，就能轻松拿取和放回。无论是烹饪、收拾还是管理库存都不在话下。另一侧空间里集中收纳着杯子和茶，以及库存清晰的食品。

平底锅无须与其他锅叠放，可单独放置的"阶梯式抽屉"，抽屉挡板处特意设计了放置锅具手柄的位置，细节满分。

设计初期就考虑到了垃圾桶的位置，真的太贴心了，整洁又隐蔽，完全不会乱。

打开抽屉，保鲜膜等物品就能触手可及。

可以安装荷兰锅专用烤架，这样在烤制鱼类时就无须频繁翻动。

不方便使用的L形角落，可以通过推车式收纳来解决烦恼，具有相当强大的收纳能力。

大米和备用物品统统放在滑轨式抽屉里，取放物品时既安静又流畅。

79

防污、易清洁的材料面板

对于容易沾染油渍和水渍的厨房柜门，擦拭清洁是必不可少的。不锈钢、镜面、木纹饰面等这些材料都很容易去除污垢，打理起来非常轻松。燃气灶的面板选择和柜门一致或相匹配的颜色会更加漂亮。

烹饪时的油渍和溢出的食物容易烧焦，这是因为玻璃的温度上升所致。可丽娜的热防护玻璃面板能够分散热量，抑制玻璃表面温度的上升，从而预防烧焦，使清洁工作变得轻松。

带引流槽的水槽，还有静音效果

散落的细小的厨余垃圾会随着水流自然地沿着引流槽流向排水口。水槽本身涂有亲水性的特殊涂层，油渍和水垢更容易脱落。水槽还采用了降低水溅声的技术。清洁网篮也涂有亲水涂层，方便保持清洁。

通过易于整理和清洁的系统，实现无压力的日常生活

保持干净和舒适

只要烹饪，就会有后续的清理工作，水槽和炉灶周围也容易脏。因此，在装修厨房时就确保其设计便于清洁和整理是非常重要的，这样才能轻松维持干净状态。现代厨房已经发展到让人惊叹的水平了，比如采用不易沾染污垢和异味的不锈钢门和抽屉，以及具有自清洁功能的排风扇等。

无论是改造还是新建厨房，都应该反复确认清楚，选择适合自己、不费事的厨房。

无须打扫的排风扇

"自清洁排风扇",一种只要在加水托盘中倒入热水,按下按钮,即可如全自动洗衣机一样自动运转,连同过滤器和风扇全部可以自动清洗的排风扇。每月清洗1次,大约10年内都不需要更换过滤器。这也太轻松了吧!

在各个方面都功能性十足且轻松的厨房,一定能让我们的生活更加愉快。

打造理想厨房的10条建议

1
先设想一个理想的厨房。

2
严格挑选要用的东西。

3
注意工作三角区(厨房的工作区域布局)。

4
充分利用黄金区域(厨房中的高效使用区域)。

5
收纳的基本在于全局视野。

6
不要忘记确认插座的位置。

7
库存管理要一目了然,避免过期浪费。

8
垃圾桶和扫除工具也要明确固定位置。

9
选择容易清洁的材料。

10
将部分清洁工作交给现代科技。

讲座 3

木村由依的清洁扫除入门讲座

烹饪、用餐和餐后清理，厨房是一个每天都很活跃的地方，稍不注意就会很快变脏。因此，每天做一点清洁很重要。接下来，我会向大家分享轻松、有效打扫厨房的小诀窍。

油污、水渍、霉菌和灰尘等，厨房的污垢结构十分复杂。让我们一起攻坚克难，让厨房时刻闪闪发亮吧！

讲师：扫除专家

木村由依

木村女士创办了一家专为女性服务的家居清洁店。凭借其独创的清洁技能收获一致好评。她主张在清洁打扫的时候，不只依赖我们的双眼，更要通过触觉、听觉和嗅觉等五感清除污垢。

第1步

了解不同类型的污垢及清洁剂

扫除是一道化学题

许多人一听到"打扫厨房"这几个字，就会面露难色，说"我讨厌"或"我不擅长"。也许这是因为他们想到了油腻腻的排风扇、焦黑的炉灶。其实污垢在刚刚形成的时候，是很容易清理的，但如果一开始置之不理，就会变得越来越顽固。

今天，我就来跟大家分享一些简单的日常清洁小妙招，避免污垢日积月累，根深蒂固。一旦掌握了方法，并能在日常生活中加以注意，顽固的污垢就会不复存在。

首先要知道的是，污垢有不同的"属性"。厨房里的污垢有很多种，如油污、水渍、霉菌和灰尘等，其中油污占主要地位，并容易将它们混杂在一起。做菜时溅出来的油星、食物的油脂、用手接触后的污垢等，这些黏稠的污垢从性质上来说属酸性。相对地，石灰、肥皂沫、水渍则属碱性，其中石灰放置一段时间后会钙化，变得顽固坚硬。霉菌较为湿滑，用清水冲洗基本就可以洗掉，但酸性和碱性的污垢，需要选择合适的清洁剂才能去除。

选择合适的清洁剂

还记得我们在化学课上学到的"中和"一词吗？当酸和碱相互作用后，自身的性质会减弱，这就是中和。油渍会氧化，所以需要添加碱性清洁剂来中和。而对于石灰或肥皂渣等碱性污垢，则需要使用酸性清洁剂来中和。也就是说，中和后污垢的特性会减弱，变得更容易去除。

那么，清洁剂那么多，我们该如何选择呢？

首先，我们要查看包装背面的"液体属性"，通常

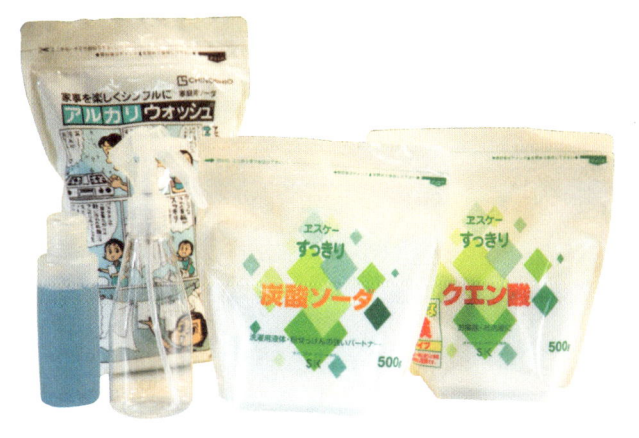

确认清洁剂的酸碱性

清洁剂的外包装上一定会标明酸碱性，购买和使用时一定要确认。日常清洁使用小苏打（弱碱性）和柠檬酸（酸性）就可以了。不过，小苏打容易残留白色粉末，使用时要多加注意。

都会注明它是"酸性""弱酸性""中性""弱碱性"还是"碱性"。不必过于关注商品品牌，重要的是"液体属性"可不能弄错。用酸性的清洁剂去处理氧化的油污是没有用的。

其次，要根据污垢的附着程度选择清洁剂的强度。刚形成的污垢使用中性清洁剂，轻微附着的污垢使用弱酸性或弱碱性的清洁剂，顽固的污垢则使用酸性或碱性的清洁剂。

天然清洁剂

像小苏打、柠檬酸和醋等这类天然清洁剂一直备受推崇。如果厨房原本就不脏，那么日常清洁用这些天然清洁剂就足够了。如下图所示，即使是天然清洁剂，也有像碳酸钠那样强碱性的，或者像柠檬酸和醋这样强酸性的。但请牢记，即使是相同酸碱性的清洁剂，含有表面活性剂的合成清洁剂去污能力更强。

因此，如果污垢停留时间太久，难以去除，不要犹豫，直接使用合成清洁剂。最好每种性质的清洁剂都准备一些，有备无患。

具体污垢具体分析

善用天然洗涤剂，并有效利用合成洗涤剂去除顽固污渍吧。

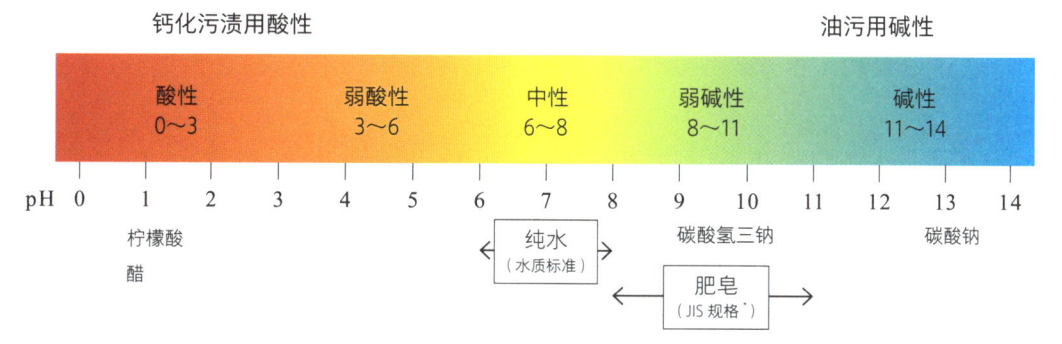

钙化污渍用酸性				油污用碱性
酸性 0~3	弱酸性 3~6	中性 6~8	弱碱性 8~11	碱性 11~14

pH 0　1　2　3　4　5　6　7　8　9　10　11　12　13　14

柠檬酸、醋　　　　　　　纯水（水质标准）　碳酸氢三钠　　碳酸钠

肥皂（JIS 规格*）

*全称为 Japanese Industrial Standards，即日本工业标准，是日本国家级标准中最重要、最权威的标准之一。

第2步

准备合适的工具

去除污垢时要善用工具

  针对污垢选择有效的清洁剂，污垢就会被中和并变得松软，下一步就是彻底清除。这时工具就派上用场了，不要一个劲儿地用蛮力擦洗，借助适当的工具可以让清洁工作更加快捷高效，一起把工具用起来吧。下面给大家介绍几款比较实用的工具以及它们的使用方法。

  海绵清洁布：用于墙壁表面和灶台等大面积区域，用它涂抹比喷雾器更便利高效。

  毛刷：厨房的边边角角用毛刷，只需少量清洁剂即可。

  小头刷：家庭必备。用于松解并刮出污垢，适用于手指无法进入的角落和缝隙。

  小刮刀：用于刮去附着的污垢。也可以用不再需要的厚卡片代替。

  纳米海绵：它主要不是为了擦掉污垢，而是在用清洁剂清除不锈钢、人造大理石等光滑材质表面的污垢之后，用来轻轻擦拭表面，以确保没有污渍残留。

  普通清洁布：用于清除附着的污垢或轻微的焦污。和海绵清洁布一样，不要都握在手里，用整个面去擦拭更有效。

  抹布：擦水、擦干。推荐使用容易看出污垢的白色抹布。

  超细纤维抹布：当不锈钢上有抹布的绒毛时，用它轻轻擦一下就干净了。

  橡胶手套：用于区分不同酸碱性的清洁任务，以保护双手。

  护目镜：在打扫排风扇等物时，可能会有合成洗涤剂飞散，可以用它来保护眼睛。

  好了，现在万事俱备，只差开工了！

好工具省时省力
轻松高效的扫除，工具是不可或缺的。海绵清洁布、毛刷、小头刷、纳米海绵、超细纤维抹布，以及溶解清洁剂的容器等要一应俱全。为了下次能够迅速且愉快地使用，使用后要清洗晾干。保持清洁是让打扫成为习惯的关键。

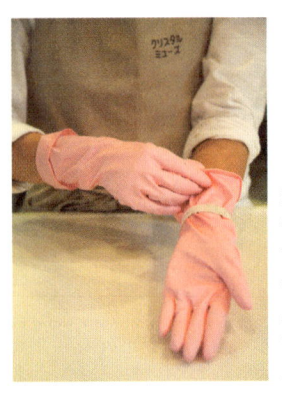

避免伤手的必需品
使用酸性清洁剂或碱性清洁剂时要戴上橡胶手套。最好用橡皮筋在手腕处固定一下，以免手套滑落。将手套边缘折起，可以防止弄湿手肘。

第3步
开始打扫吧

日常清洁的顺序

　　厨房的污垢大多是油污，所以我们要先准备碳酸氢三钠溶液。制作一喷壶的溶液，就像平时喷水一样喷一下，餐桌、厨房的面板和家电上的手印就能清除，炉灶周围、厨房地面、柜门上面的油腻也一下就干净了。容易黏糊糊地附着在海绵清洁布、刷子上的油污要用合成洗涤剂。先喷一下，再擦干即可。

　　手感坚硬且已经凝固的是钙化污垢。这就要喷一下柠檬酸溶液，再用抹布擦拭，或者用海绵清洁布、普通清洁布、小铲子来清除。

　　不锈钢制品的水龙头和家电要亮晶晶的才有打扫的动力。使用碳酸氢三钠的天然清洁剂后，再用泡沫海绵擦拭干净，然后还要再喷一下、擦一下，这样污垢才不太容易附着。

提高扫除力的3个要点

　　静置：把清洁剂挤在抹布上或用喷壶喷在污垢上，等待3~5分钟。在此期间，清洁剂正在与污垢做斗争。在中和之前，用力擦拭会让效果减半。

　　浸泡：污垢久攻不下时，要增加液体的浓度，如果污垢黏性很强，就改用合成洗涤剂。对于燃气灶支架等污垢严重的地方，可以将其放入加了合成洗涤剂的热水中浸泡，污垢会更容易去除。

　　擦拭：最后一步的擦拭是重中之重。污垢清洁后，一定要擦干水，可以有效减少新污垢附着。

　　怎么样？请继续每天进行简单的清洁，并在闪闪发光的厨房中愉快地度过每一天。

静置3~5分钟
将碳酸氢三钠、碳酸钠、合成洗涤剂等清洁剂涂在污垢上，静置3~5分钟。油污中和后基本就不会弄脏工具了。涂抹清洁剂时，应像使用海绵那样，用整个清洁布的表面擦拭。对于顽固焦污，用较硬、较粗糙的清洁布交错擦拭会更有效。

喷壶好帮手
小苏打溶液和柠檬酸溶液用喷壶装起来，使用时会更方便。

专栏 ｜ 从"浪费"到"刚刚好"的冰箱

每次打开冰箱心情就会很好，一想到今天做点什么好吃的呢，就激动不已。冰箱是一个会给我带来愉悦心情的宝库。可是如果我们的冰箱里塞满了东西，看不见到底有什么，乱七八糟的，那就很难高兴起来了。

据说冰箱平均每天要开关约 35 次，这应该是家中开关最频繁的物件了吧。为了让冰箱更干净、更好用。我建议大家试着把里面所有的食材都拿出来，检查一下食材是否已经过期，然后整理一下。

说不定有过期很久的调料、忘记做了多久的菜等，让人不由得感叹："啊！好浪费啊！"。在日本，每年被丢弃的"还能吃"的食物量与大米年产量相当，其中大多数来自家庭。将它们换算成钱，相当于每个家庭每月丢掉 3000 日元的食物。

要避免这种"浪费"，不仅需要一次大整理，还要定期确认里面的剩余。冰箱里面的东西每天都会变，所以"维持"十分重要。这和避免减肥反弹是一样的。首先，要掌握适合家庭的食物的量，并巧妙地安排库存食材，使所有食材都能"看得见""不被忘记"。

这里要记住"临时存放"的概念，思考如何充分应用现有的食材避免浪费，每天把"现有的"联系起来。冰箱是那么美好的地方，如果购物、收纳、烹饪的流程能够顺利进行，不仅能节省时间和空间，还能让心情变得轻松。冰箱是食物连接生活的晴雨表，也是舒适生活的起点。

人物介绍
大野多惠子。生活管理师，35 年主妇经验。现正作为"幸福冰箱咨询顾问"开展以"从冰箱开始的幸福生活"为主题的讲座及研讨会。

第 3 章
厨房生活小窍门

购物、烹饪、收纳、库存管理、清洁……
来自生活管理师的创意和技巧大集合。

＊"左右""右右"指的是人在输入和输出信息时的惯用脑。

能立刻拿到心仪餐具的餐具架

想要充分利用餐具架上的餐具！当你这么想的时候，一个问题出现了：要用里面的餐具，就必须先把外面的挪开……为了解决这个问题，我调整了隔板的位置，这样即使不移动前面的餐具，也能轻松取出后面的餐具。随时都能拿到想用的餐具，也省去了很多麻烦，真是太开心了。

会田麻实子（东京·右右）

餐具

每天都要用的东西，取用和放回都很方便才是关键！

每天都要用的盘子放在最容易拿到的高度

我把每天要用的白色餐具和玻璃餐具，收纳在以我的身高拿取最方便的抽屉里。白色和玻璃的器皿，让人感到愉悦。我家是三口之家，餐具几乎都是三个一套的。不过，餐桌搭配了六把椅子，所以会再买三套喜欢的餐具留给客人备用。

将彩色的盘子放在一起

第二层抽屉存放白色餐具和玻璃餐具以外的餐具。使用频率各有不同，不过就算是每天都要用，我也不喜欢把彩色碗碟和其他餐具混在一起，就把它们单独存放。我喜欢邀请朋友来家里吃饭，所以总会买很多餐具。我的购买原则是只买红、黑和玉石色的餐具（玉石色的盘子放在其他抽屉里，与客用餐具放在一起）。我比较在意色彩的搭配，漆器、石器、玻璃，什么材料的都要有！

小林惠梨子（新加坡·右右）

圆形餐具和方形餐具

我家平时使用的餐具原来都是按用途分类收纳的，后来发现我记不住收纳位置，每次要用的时候都得四处翻抽屉。有一天，我突然来了灵感，决定将它们按照形状分类。于是我将抽屉分成了专门装圆形餐具的和方形餐具的（和能够竖着收纳方形餐具的）。这样一来看着很舒服！同时，我可以通过抽屉的位置和外观细节快速识别它们，因此只需打开一次，这大大缩短了我的工作时间。

村田雅实（兵库·右右）

开放式收纳，一步到位

每天吃饭和烹饪时最常用的就是汤匙。像这种使用频率高的物品，我统一放在餐桌和厨房之间最为便利的地方，直接摆在外面。这样孩子也可以一下子拿到，做凉拌菜的时候孩子也会来帮忙。

宇高有香（神奈川·右右）

洗碗机里的餐具不用移动就能收拾好

因为我们家是大型洗碗机，所以早上取出干燥的餐具也是一项非常耗时的工作。于是，我把平时使用的餐具都收在洗碗机上面的收纳柜里，整理餐具时不需要移动任何东西，既节省时间又方便。

装在塑料盒里拿取更方便

我将内置的收纳架用作餐具架。由于架子的深度较深，放在里面的餐具不易取出，所以我将它们放入塑料托盘或带手柄的盒子中，以便可以轻松拉出。平底盘立在尼达利（Nitori）的小盘子支架和盘子架上，拿取很方便。

尾崎千秋（东京·左左）

既与室内陈设完美融合，又便于整理和摆放的餐具收纳

从上到下，依次是杯子、筷子、刀叉和小家电等，正好位于洗碗机对面。因此，洗完后只需转头就能轻松整理。使用餐具时，连托盘一起拿到餐厅，不需要一个个摆放，非常方便。托盘的颜色与地板的颜色相协调，以融入室内装修。

若林弓子（大阪·左右）

给客人用的筷子，选择不犹豫

给客人用的筷子统一放在用手巾制作的筷子套中，一双一双分别放置。这样，不管有多少种筷子，使用的时候直接铺开选用就可以。而且，像这样打开让客人选择自己喜欢的，还意外收获了很多好评。

三木智惠（东京·右左）

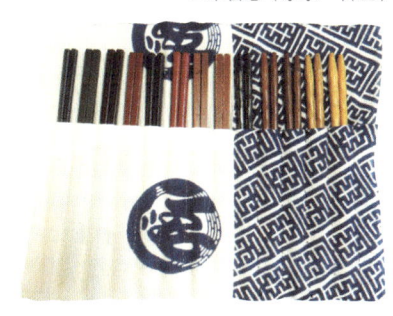

无抽屉橱柜中的餐具存放

我家的餐橱柜没有抽屉。一开始不知道该怎么处理，后来决定连同整个小抽屉一起放进去。所有餐具都在这里，包括给客人用的。怎么方便怎么分类，实现了快速取用。

中岛弘美（山形·左左）

89

成套使用的东西成套收纳
因为锅经常和盖子一起使用,所以我特意将它们成套收纳。只是简单地将它们放在一起,就可以让烹饪过程更加顺畅。

桥本裕子(广岛·左右)

平底锅和锅盖用文件盒收纳
炉灶下面的抽屉里摆了一排文件盒,把平底锅和锅盖放进去。分开放置,要用的时候单手就可以拿出来。文件盒来自大创(Daiso)。

井上美佐纪(千叶·左右)

各种锅和烹饪器具

越是大而重的,越需要简单收纳、方便取用。

水槽下方的收纳,单手也能轻松快速取物
水槽下方的收纳,我优先考虑了在水槽边使用频率较高的厨房用品的拿取便利性。用在百元店买的小板凳式的置物架划分空间,将洗菜盆和笊篱等用品根据大小分类收纳,并在中间立起隔板,使得每件用品都能独立放置,方便单手快速取出。这样,在炒菜时即使一只手正忙,也能用另一只手轻松拿取和放回。

小野智美(佐贺·左左)

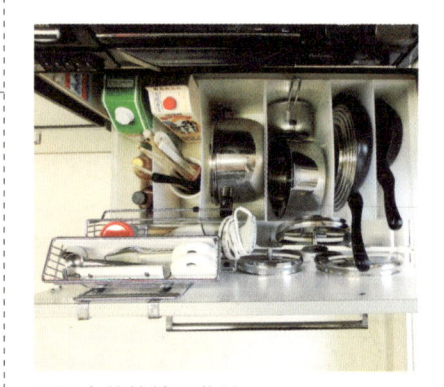

无压力的炉灶下收纳
每次忙忙碌碌准备做饭的时候,想用的东西不能迅速取出就会感到烦躁!自从我把经常要用的锅、工具和调料都挑选出来,放到方便拿取的位置之后,连我丈夫都开始经常做饭了。各种锅具立在无印良品的文件盒中,深一点的锅放在较宽的格子里刚刚好,锅盖挂在集成式厨房的隔板上。内侧的不锈钢置物架上放着常用的计量勺、迷你刮刀和多层锅的把手。下层则收纳料理机的机体、塑料杯中的配件,拿取方便,完全无压力!

三谷靖代(广岛·左左)

厨房工具大集合，充分利用洗碗机和水槽下方

我习惯在使用餐具和厨房工具前都用水冲一下，哪怕已经用洗碗机洗过。因此，我把需要用水的工具都集中放在水槽下方，追求一步到位和可视化收纳。锅具用文件盒收纳，每个盒子里放一个锅或者锅盖。我还买了盒体比较深的波纹状文件盒，以避免碰到排水管，方便顺利取出。在百元店购买的小凳子式置物架，既方便放置洗菜盆和笊篱，又为砧板创造了空间，实现了一物两用。此外，零碎的小工具也是我精心挑选的，整齐排列。将所有需要用水的工具集中收纳，不仅缩短了行动路线，也让家务流程更加顺畅，节省了时间。

十熊美幸（新潟·左左）

考虑到使用频率，将洗菜盆放在水槽下方

我以前是按照大小顺序收纳洗菜盆和笊篱。但是，最常使用的是中号。因为取放麻烦，后来总是放在外面……现在，根据使用频率而非外观来收纳，使用更方便了。小碗堆出了一定高度，站着就能拿到，真令人高兴。

植田洋子（东京·右左）

给常用锅留个好位置

每天频繁使用的锅具都在这里了。使用频率高的、自己喜欢的都放在一起，不堆叠，给它们安排了好位置，尽情使用！即使累了，只要锅能随手可得，做饭的难度就会降低。伸手不容易够到的位置，放着备用的调料以及煮火锅需要的卡士炉。

小川纱织（神奈川·左左）

91

控制数量，一种工具只要一个

我将厨房工具的数量控制在最少，基本上是一种工具一个，做饭的时候可以毫不犹豫地迅速拿出，收拾起来也容易。

桥本裕子（广岛·左右）

小物件用抽屉格收纳，一物一格

炉灶下的抽屉是懒人厨房的"司令部"。调料、平底锅、厨房工具等统统收纳其中，原地不动即可做出一桌菜来。放置厨房工具的是无印良品的六层收纳盒。我把抽屉拿下来了，从上面望下去有一种安定感，很方便。

内藤聪子（爱知·右右）

按物品拿取时的感觉分类

我不是根据材质来分类，而是根据拿起工具时的感觉来分类。标准就是我的个人感受，即拿在手上的感觉，比如是否硌得慌。

青木罗米（大阪·右右）

各种厨房工具

关于常见厨房工具的收纳方法，包括制作便当、烧烤时所需的工具。

每天使用的厨房工具要方便取用

我偏爱木制工具，便将它们立在窗边进行收纳，而其他每日必用的剪刀和计量勺，同样也是直立放置。我经常使用大号计量勺，因此它们的数量也相对较多。至于其他型号和材质的厨房工具，即便我每天都用，我也选择将它们收纳在抽屉里，实现"隐形收纳"。这个角落既美观又实用，是我非常喜欢的一个小空间。

砧板全部摆在外面

家里的木制砧板直接放在窗边晾干，以防止它们受潮。我精心挑选并慢慢收集的银色托盘和餐盘也放在这里，想用的时候根据食物的多少立刻就可以选出合适的餐盘。而且，每天对着自己喜欢的东西就很开心。

小林惠梨子（新加坡·右右）

无关功能，按颜色分类即可

我非常注重感觉和外观色彩，所以在厨房收纳上，我采用的是"按颜色和形状分类"的方法。从右边开始，依次是银色、白色、黑色和银色长柄的工具。"剥皮器是黑色的""汤勺是银色的（长柄的）"，我会按照颜色和形状来记忆。因此，与根据用途和使用频率分类相比，我的这种方法在取用和放回时更加快捷。在购买补充或替换工具时，我也只选择这三种颜色，这样可以始终保持厨房的整洁和美观，我非常享受这种方式。

井手本亚西（广岛·右左）

让烹饪变得愉快的单色厨具

像我家这种经常由于工作调动，不得不与租来的厨房勉强相处的情况，就只能在厨房工具上选择喜欢的款式，享受每天的烹饪时光。我非常喜欢这种统一的单色工具，看到的时候忍不住会笑出声。

中岛弘美（山形·左左）

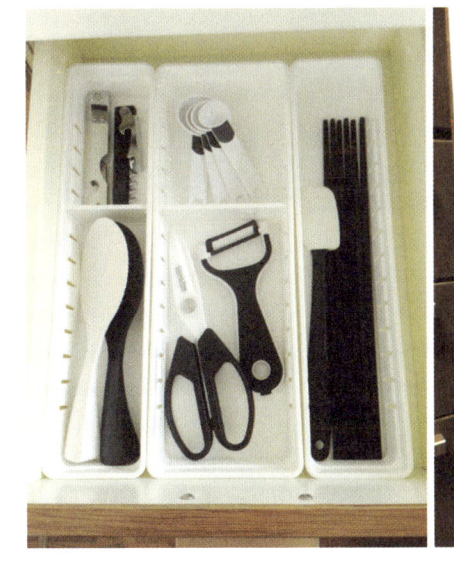

菜刀放在高处，孩子也可以随时进厨房

厨房是充满智慧的地方！我们尽量不让这里成为婴儿禁区，而是希望宝宝从小就习惯在厨房里。因此，我家的菜刀不放在柜门上的刀套里，而是放在只有大人才能够到的餐具架上方。这样，在操作砧板时一转身就能拿到菜刀，动线流畅。我还贴上了标签，使找刀更加方便。

松林奈萌子（千叶·左右）

汤勺和夹子挂起来分开放，不会倒也不会勾在一起

将汤勺和夹子一起放在抽屉里，它们容易相互勾连。如果将它们统一插在盒子里，取出一个时其他也会被碰倒。挂在炉灶内侧，又容易沾上油渍和灰尘，清洁起来更麻烦。因此，我将它们收纳在炉灶下方的抽屉里，用粘钩分别挂起，这样拿取时不必担心碰倒其他物品。同时，也无须担心它们会变脏，使用时单手就能轻松快速取出，大大减轻了压力。

门野内绘理子（大阪·左右）

一个抽屉轻松制作可爱便当

为了在繁忙的早晨也能轻松快速地制作出可爱的便当，我把所有做便当的小工具都集中放在一个抽屉里。可爱的水果叉不仅方便孩子食用，还能让便当看起来更诱人，是便当制作中不可或缺的工具。我把它们按颜色分别收纳在多格收纳盒里，需要时随时取出，既实用又让人心情愉悦。

伊深优子（千叶·右右）

准备随时进行花园烧烤的餐具套装

我把花园烧烤所需的杯子、派菜碟、公筷等都整理好，放在大创的篮子里。只需拿出这个篮子，孩子和客人们就会自发地帮忙准备和收拾。我还特意在篮子上加装了提手，方便使用。

井上美佐纪（千叶·左右）

93

把宜家的保存容器收纳得具有家居店的风格

将烹饪常用的盐、白砂糖、意大利面和粉末类等存放在宜家的保存容器中，并用白板笔做标记，模仿家居店的"今日特供"的字体风格。这些时尚的标签也是厨房中的装饰。

高田爱美（大阪·右右）

保存容器

清爽保存的秘诀在于：内容可视、易于使用、整齐划一！

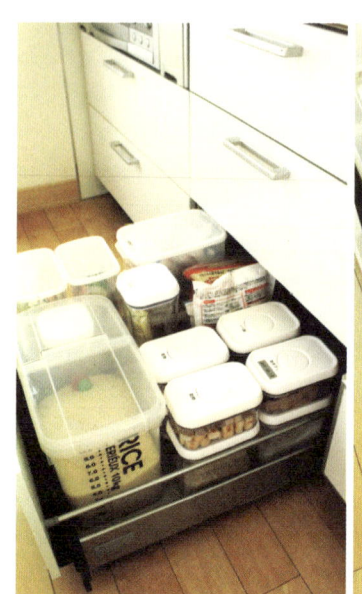

一目了然的透明容器收纳
- 提高烹饪效率。
- 将物品集中收纳在一个橱柜中，无须移动就能取出面粉和干货。
- 将物品转移到密封性高的透明容器中，打开盖子即可使用，十分方便。
- 贴上标签，无论谁看都能迅速知道什么东西放在哪里（全家人都是左左惯用脑）。
- 设置一个没有贴标签的透明容器，确保有额外空间，可以存放非标准物品和计划外的物品。

岩渊 都（京都·左左）

统一保存容器

低筋粉、面包粉、干货等统一放在一键开合式收纳盒中。全部换成方形的盒子不仅节省空间，看着也干净。

桥本裕子（广岛·左右）

用配套的透明容器收纳茶叶和干货

这种收纳方式适合那些喜欢容器配套、想要改善心情的"右左脑型"人士。这里的透明容器采用模块化设计，深度和宽度相同，高度有多种选择。我被其统一高度的外观和出色的密封性所吸引，用来保存茶叶和干货。为了能清楚地知道里面装的是什么，我也做了标记。

松井真理（东京·右左）

统一的保存容器看起来更干净

因为用的是统一的透明容器，不仅可以随时掌握余量，还能避免过量购买。像高汤包、海带、茶包等每天都要用的东西，摆放清晰，取用方便。小宝宝也可以自己去拿。

小川纱织（神奈川·左左）

可自行控水的超实用容器

我是早起困难户，下班回来更是争分夺秒。可是，我非常爱吃蔬菜和豆腐。这些含水量高的食材如果存放不当，容易积水，影响口感，甚至可能会泡坏。因此，能够自动沥水的容器成了我家的必备品，只需将食材放入其中，它就能自动控水。

佐藤美香（神奈川·右左）

保存容器要按形状摆放

保存容器最好还是要能看到里面，所以我虽然对白色的保存容器有向往，可还是一直在用网格的塑料保存容器。长方形的容器主要用来装准备食材时的保鲜盒等。要有客人来的时候，我会事先把准备好的食材用保鲜盒装起来，放在冰箱里备用，这个形状最好用。圆形的保存容器用来装剩下的食材。左边是拧盖式的保鲜盒，汤汁类的用它们盛放可以完全放心。材质轻便，放在不太好拿的位置也不怕。

小林惠梨子（新加坡·右右）

用牛皮纸袋储存根茎类蔬菜

在篮子中放入大小合适的牛皮纸袋，又实用又好看。牛皮纸袋结实又防潮，有恰到好处的透气性，还能防止弄脏篮子。我选了一块喜欢的布料盖在上面，把它放在厨房的一角。这样，它就处于日常视线所及的范围内，有利于时刻掌握库存。

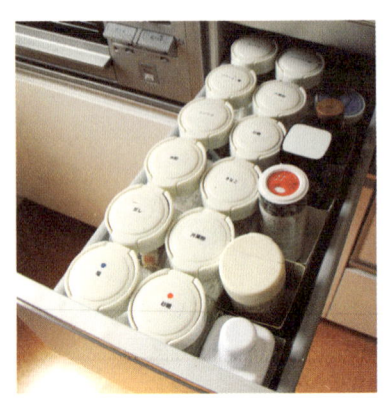

调料统一放在保鲜罐中保存

我拿掉了集成式厨房自带的隔板，用保鲜罐存放调料。为了防止抽屉拉出时物品滑动，便在右侧放了一些剪开的牛奶盒，以此来固定每个罐子的位置。这样，无论是在水槽边备菜还是在炉灶边烹饪，都能方便地取用调料。

花垣志乃（神奈川・右左）

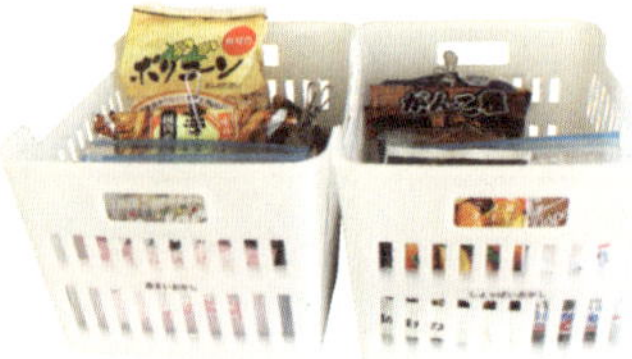

食品

统一放置和保存，做好库存管理，不再怕过期。

甜味点心和咸味点心

我将家中储备的和朋友们送的点心按照甜咸来分类，分别放入篮子里保存。这样做是因为孩子们有时想要吃甜食，有时又想要吃咸食，需求总是不同。与按照"开封和未开封"分类相比，这种分类方式似乎更便于孩子们了解家中的存货情况。

井上美佐纪（千叶・左右）

将制作面包所需的材料和工具统一收纳

当我想要做面包时，如果需要从各个地方取出材料会非常麻烦。将它们统一收纳在篮子里，就可以迅速取出，轻松开始制作面包。

宇高有香（神奈川・右右）

调料放在蜂蜜罐里，单手就能轻松倒出

我将粉状和颗粒状的调料放在蜂蜜罐中使用。这些蜂蜜罐价格便宜，密封性又好，可以防止调料受潮或结块。对于像我这样的懒人来说，简直是福音。撒白砂糖和颗粒状调料时再也不需要汤匙，轻轻一挤就能轻松搞定。不过，这种方法可能更适合那些能够凭肉眼准确判断调料用量的朋友。

内藤聪子（爱知·右右）

利用难以使用的空间深处进行防灾物资储备

我将一部分灾害应急用水存放在小物件收纳盒后面的空位里。夏天每周会带1～2瓶，其他季节则是2～3个月带1瓶外出。虽然取用起来略显麻烦，但只需挪开上层抽屉就能拿到，就还算方便。

罐装食物和瓶装食物用磁铁记录库存管理

我用磁铁来管理常备的罐头和瓶装食品的库存。将磁铁贴在罐头和瓶子的盖子上，当用到最后一个或者想要购买下一个时，就将磁铁移动到冰箱上（因为冰箱上只有厨房计时器，所以非常显眼）。这个想法最初是为了识别各种罐头（因为横放会占用空间，所以要立着存放）。白砂糖、盐和麦片等也同样借助磁铁来管理库存。

森 麻纪（爱知·右右）

确定固定数量

小的冷敷材料容易散落，因此我们决定将"直到装满两个盒子"作为定量。因为它们被装在盒子里，所以也不会散落。对于那些不清楚需要多少的东西，大致决定"就装满这个盒子"，管理起来就简单多了。

桥本裕子（广岛·左右）

冰箱

布局合理，所有物品一目了然，家里每个人都能轻松找到自己想要的东西。

将蔬菜立着放在冰箱门袋里，美味又整洁

将蔬菜统一放到宜家的塑料盒中，放在冰箱门袋里竖着存放。这样，蔬菜就不会被压弯，可以直立保存。使用时，可以直接连容器一起从冰箱里拿出来，减少忘记使用的情况。我还把沙拉用的调料集中放在这里，缩短了操作流程。饮料类则放在孩子能够到的蔬果室里。

鹿野悦子（神奈川·右左）

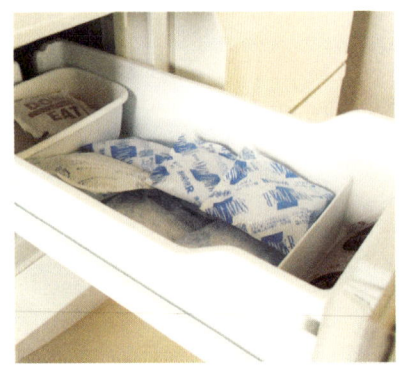

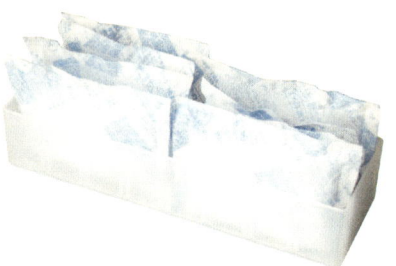

让人心情愉悦的晚餐托盘

以前我们家用的是百元店买的塑料托盘，但即便饭菜再美味，有时也觉得不够香。于是，我决定把别人送的、一直没用过的木制托盘拿出来用，并在冰箱里专门找了个位置存放。老公也很喜欢这个托盘。用这种稍微奢侈一些、外观精美的物品来装点生活，效果似乎不错。

村田雅实（兵库·右右）

储存更多制冷剂，以备不时之需

我在无印良品的三层桌面整理托盘中加入了隔断，专门用来存放尺寸合适的制冷剂。虽然平时它们主要用于处理伤口时的冷敷，或是夏季用来给身体降温，但考虑到防灾需要，我还是决定多储备一些。此外，我还特别在自动制冰机中留出了一块空间，用于存放冰包。

森麻纪（爱知·右右）

冷冻保存采用立式收纳，清楚明了

需要冷冻的肉类和蔬菜都放在保鲜盒里，再直立存放到冰箱。使用塑料袋和保鲜膜包装，这样就不用每次都清洗保鲜盒了。空的保鲜盒可以直接放回冷冻室，不用担心占用额外的储存空间。大多数情况下，不需要给容器贴标签，因为里面装的是什么一目了然（只有那些难以区分或者经常使用的物品才会贴标签）。看起来整洁有序，操作起来也很轻松！

俯瞰即可了然的颜色、食材"有没有"

我们家在管理库存时，会根据颜色来选择当季食材，从而实现营养均衡的最佳搭配。同时，还要追求减轻环境负担和降低成本。我的轻松管理秘诀是：在购买食材并收纳的当天拍照记录，以及在出门购物前用手机拍摄家中已有的食材，这样就能快速知道家里缺什么，也会减少冲动购物。

梶 美江子（富山·左右）

老公的自助晚餐组合

为了照顾晚归的老公，我过去常常将饭菜放在锅里、保鲜盒或盘子里，然后放入冰箱。但他总是忘记吃，或者把剩下的食物直接放在外面，导致很多食物被浪费。因此，我改变了做法，只准备刚好够他一餐的量，放在专门准备的托盘上，等他回来后自己用微波炉加热即可。

佐藤美香（神奈川·左右）

用彩色磁铁区分珐琅容器里的物品

以前使用珐琅容器时，因为它们不透明，我经常得打开盖子才知道自己拿错了食材。后来，我听从了前辈们的建议，开始用与食材颜色相同的磁铁来标记容器。这样一来，打开冰箱门就能立刻看清楚每个容器里装的是什么。而且在准备饭菜和便当时，我甚至不需要多想，只需看一眼容器外的磁铁颜色，就能立刻知道"现在缺少哪种颜色的食材"。

蔬果室不一定只放蔬果

我们家对冰箱进行了一番改造，把蔬果室的第二层和最底层的抽屉拆除，改成了现在的样子。这样做的好处是开关冰箱门时更加顺畅，不会刮擦，而且使用起来非常方便。第三层用来放统一购买的蔬菜。我通常会把买回来的蔬菜立即处理一下，同时留一些备用。这些备用蔬菜就存放在照片中意外出现的大量罐装啤酒的格子里！第四层则放着我喜爱的罐子，里面装满了大米，量杯也一并放在盖子上。

北尾真阳子（东京·左右）

99

"托盘+茶具"的组合，应对客人来访，简直是小菜一碟

我们家经常有客人来访，除了家人，有时候也要客人来帮忙。为此，我们建立了一个大家都能轻松帮忙的收纳机制。杯垫和杯子一起摆放在托盘上。即使是大口径的杯子，也可以通过正反交替收纳放在一个托盘内。轻薄易碎的玻璃杯叠在一起平放在篮子中，这样不仅节省了空间，也增加了收纳时的稳定性。这下只要把托盘和篮子一起拉出来，准备茶水也变得轻松愉快。朋友见了也都感叹"这是个好办法"。从准备阶段开始，大家便欢欢喜喜地享受其中。

北村惠（千叶·右右）

丈夫的专用储存柜

我的丈夫习惯于下班回家时购买食物，因此我为他准备了一个五层的专用储存柜。这个区域的食品库存管理和采购工作都由他来负责。好不容易买回来点东西却没地方放，比起感谢，更多的是让我感到困扰。自从给他准备了这个储存柜，我们都感觉轻松多了。

会田麻实子（东京·右右）

招待与协助

让大家一起来帮忙，这样烹饪、享用和聚会才能更加轻松自在。

客人也能自助服务

将杯子、咖啡、红茶、牛奶、白砂糖和润喉糖等都放在托盘上，并一同放在餐具架上。有客人来访时，就把托盘整个端出来，这样客人就可以根据自己的喜好自行选择。避免不必要的客套，大家都感到自在。

让孩子们自己动手

孩子们常带朋友回家玩，我会直接给他们一个篮子，让他们自己准备餐具。他们可以自己挑选喜欢的颜色的餐具，并且自己管理。用餐结束后，他们再负责将餐具放回原位。这样一来，孩子们的朋友来访时，我就不会感到特别疲惫了。

佐藤美香（神奈川·右左）

孩子的帮忙空间

在我家，距离餐桌最近的收纳架是孩子来帮忙准备饭菜的地方。吃饭的时候，孩子会把刀叉拿到餐桌上，调料和茶泡饭的材料也是自助式的。刀叉放在孩子容易拿到的位置，调料等也都从袋子里拿出来，放在孩子容易看到的地方。

宇高有香（神奈川·右右）

让孩子更多参与家务的"大米存放方案"

晚饭时的淘米和早上给保温杯装水这些任务，我通常都让孩子自己来完成。因此，我把相关的工具放在水槽下方最底层的抽屉里，方便孩子们取用。由于厨房空间有限，我特意将大米存放在走廊左侧的抽屉中，这样孩子们就可以坐在那里轻松操作。

中村佳子（兵库·左左）

从孩子的角度出发进行收纳，孩子也会主动来帮忙了

随着孩子慢慢长大，我也开始注意在收纳上给孩子机会，让她自己的事情自己做，并不断地增加她可以帮忙的机会。装面包的篮子放在架子的最底层，盘子则放在对面的通道旁。准备面包是我女儿（5岁）的日常任务。因为放在容易拿到的地方，她自然而然地养成了帮忙的习惯。

孩子能够自己动手，孩子和妈妈都高兴

孩子用的烹饪工具，统一放在厨房水槽下方的抽屉一角，这样他们自己就能拿出来。通过巧妙安排收纳位置，孩子们更愿意主动帮忙。按照孩子们的节奏监督他们帮忙，孩子们也会更愿意主动帮忙！

鹿野悦子（神奈川·右左）

丈夫的烹饪工具套装

只有丈夫会用的烹饪工具，如寿司模具等，我们统一放在大创的篮子里。篮子可以整个拿出来，放在空位上，方便取出。丈夫收拾的时候也不必琢磨什么东西该放在哪里了，非常轻松。

井上美佐纪（千叶·左右）

玻璃杯放在水槽旁边的壁龛里

厨房边上的柱子由于结构无法拆除。为了有效利用这根柱子的宽度,我在这里做了一个壁龛架。日常使用的玻璃杯、马克杯和量杯都放在这里。拿取和整理都很方便,杯子的库存情况也一目了然。杯子都是小号的,可以节省洗碗机里的空间。

花垣志乃(神奈川·右左)

空间利用

厨房空间有限,要充分利用每一寸,避免浪费。

有效利用微波炉和电饭煲上方的空间

我家的微波炉和电饭煲放在嵌入式厨房的中间收纳区域。这个位置只有一侧靠墙,另一侧紧挨着冰箱。我一直想把上面的空间利用起来,可是普通的横向隔板并不适用,于是我选择了纵向隔板。在隔板上面放了几个带把手的篮子,用来存放保存容器、咖啡和茶等较轻的物品。

金繁千鹤(福冈·右左)

L形空间的收纳难题,用平底锅收纳盒解决

很多人会苦恼于L形空间的收纳。我在这里摆了一排平底锅专用的水槽下收纳盒。不仅适用于平底锅,还非常适合存放保鲜膜和意大利面等细长的物品。里面的空间也不会浪费,外观也整洁。再也不必烦恼L形区域该怎么用了!

抹布架变身成托盘架

我把凯尤卡的抹布架放在微波炉上方,用来收纳托盘和微波炉手套。通常这种架子是用来竖着放抹布的,但我换了个思路,把它横过来使用。这个架子不仅不怕微波炉散发的高温,还能分成两层来收纳物品。设计简洁,好处多多!

见鸟绘里子(神奈川·左右)

增设置物架，收纳无压力

使用频率较高的水瓶和保鲜袋等都立在文件夹里收纳，另外我又买了一个置物架，用于对物品进行分层次的分类收纳，这样一来，找东西变得既快捷又方便，可以快速拿取所需物品。新增的搁板和木钉是在家用品商店购买的，板子是根据家里的收纳空间特别切割的（把正在使用的搁板和木钉带过去，就不会弄错大小。）

大竹美香子（神奈川·左右）

工作台前面的置物架，提高效率，提升心情

我偏爱那种外观整洁、没有杂物的厨房，但这样做饭效率不高。另一方面，我又想拥有一个所有工具都触手可及的高效厨房，但这又会影响我的心情——毕竟我并不喜欢做饭。于是我就想到了安装这个架子。我在架子中间自己动手加了一层隔板，经过一番排列组合后，将最常用的厨房用品摆放在最小的必要范围内。不做饭时，我只需拉上帘子，厨房看起来就非常干净。而且，这个改变的效果出奇地好，我现在可以愉快地做饭了，这简直就是激活我战斗力的"开关"。

宫崎莉香（兵库·右右）

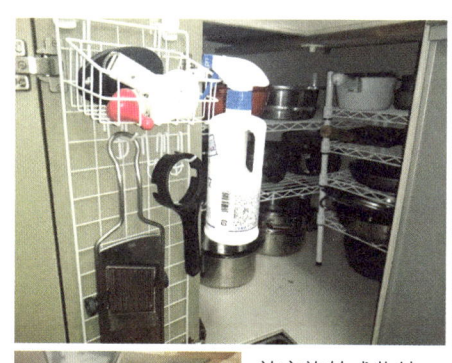

放弃旋转式收纳

L形厨房的L部分。旋转式收纳实在太难用了，干脆直接放弃。在里面安装了两个不锈钢置物架，用来收纳锅具。即使是高压锅等大型锅具也能轻松放入拿出。锅盖用挂钩挂在墙壁上。柜门的内侧安装一张网格，可以挂锅把手、切菜器等。置物架和墙壁的缝隙间放着电磁炉。虽然这样一来每次拿锅都要蹲下，但就当是在做深蹲运动了！

西野香织（大阪·左左）

空间宽敞，即使有突然的收获也不用怕

厨房的吊柜，手能够到的位置都非常宝贵，但我还是留出一部分手够不到的空间以备不时之需。节日或者年末时别人送的礼物，或是奶奶送来给孙子的大量零食，都可以先放在那里，而不用堆在地上了。

南方佐知子（广岛·左右）

不方便使用的L形空间，放个盒子做成抽屉

在L形厨房的收纳区域，那些狭小且不易利用的空间，我会使用塑料托盘来改善。这样可以像抽屉一样方便地使用，使得内部空间得到更有效的利用。我习惯将使用频率较高的物品放在右手边，方便取用。对于那些看不见的柜子深处，我会存放一些容器里放不下的存货和备用饮用水。同时，为了避免忘记使用，我还会在柜门上做好标记。

新仓晓子（东京·右左）

103

用无印良品独立置物架改装的爱尔兰式岛台

厨房和客厅完全没有阻挡,感觉不太舒服。可是家里面积又小,不想放太高的餐具架,同时,我又想要一个可以进行装盘等操作的岛台,想要隐藏垃圾桶,还想用原木和棉麻布中和一下厨房的氛围。那么,无印良品的独立置物架可谓是不二之选,简单改造,就是一个爱尔兰风格的岛台。

置物架

可置物、可移动,非常方便。

用无印良品独立置物架改装的沥水篮

在琢磨沥水篮放哪儿的时候,还是想给水槽和厨房留一个比较宽敞的作业空间。于是我把无印良品的独立置物架放在水槽旁边,作为沥水篮专属空间。架子的下层是放洗完后沥水的餐具篮,上层则用来放保温杯和便当盒等,适合长时间晾干物品。

伊藤聪美(爱知·左左)

餐桌边的滑轮置物架

以前刀叉和调料都放在厨房里,结果每次吃饭的时候,孩子总会吵着要这个要那个,这让我感到非常烦恼。后来,我想到了这个办法——把需要的餐具和调料全部放在滑轮置物架上,并推到餐桌旁边。这样我坐着就能拿到所有东西,再也不用起身来回跑了。当家里来客人时,觉得置物架占地方了,也可以随时移走。

户井由贵子(北海道·右左)

用滑轮置物架收纳，避免乱糟糟

用独立置物架和滑轮置物架来收纳日常使用的餐具和小家电。不用滑轮置物架的时候，就把它放在独立置物架下面，想用的时候再拉出来。有需要的时候，可以在吃饭时把电饭煲放在上面，把它拉到餐桌旁边，很是方便。虽然十几年来经历了数次搬家，但是厨房永远是最活跃的地方。

岩﨑梢（北海道·右右）

厨房家电

降低拿取难度，想用的时候立刻就能用。

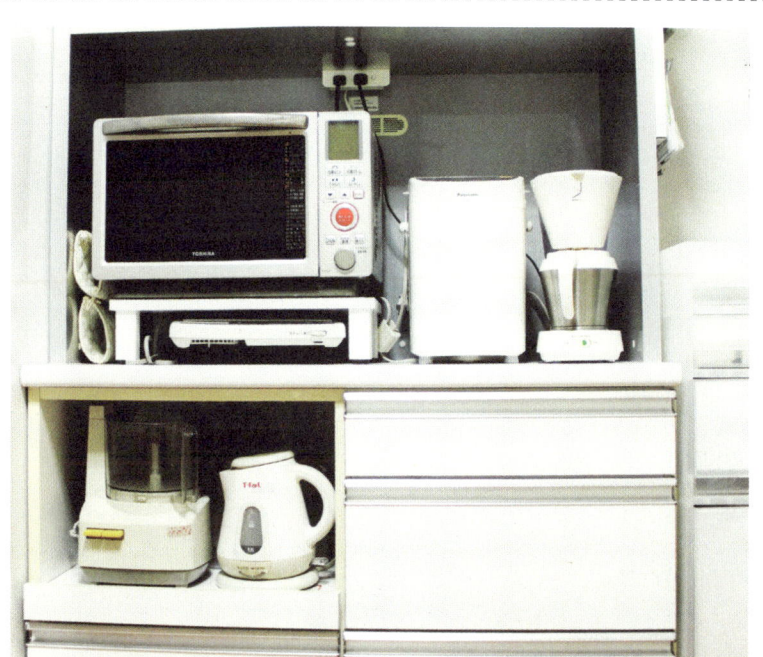

无需多余的盖子和隔板

我家的料理机是使用频率相当高的家电，当初购买时配件都是整齐地收纳在一个盒子里，并且配有盖子。但我觉得每次使用后都要盖上拿下盖子太麻烦，所以就不再使用盖子了。盒子里的小隔断一个个放回去也很费事，使用料理机本来应该是方便的事情，现在却让我觉得不胜其烦。因此，我决定不再拘泥于原来的收纳方式，随意地往里面放东西，大大简化了料理机的使用流程。

佐藤美香（神奈川·右左）

用无印良品的收纳盒当垃圾桶，高度和柜门正匹配

我用无印良品收纳盒当垃圾桶。在厨房里，唯一不会与任何柜门发生碰撞的空间，就是洗碗机下方仅有的30 cm。这个垃圾桶的高度是26 cm，撞到柜门也不会留下划痕，它还配有把手，方便清洗。此外，它低调的外观也正合我意。为了垃圾分类，我准备了3个这样的垃圾桶，并将危险物品和干电池等放在厨房角落不常用的小篮子中。由于这些垃圾桶容量适中，便于观察垃圾量，且易于搬运，全家人都能轻松地将垃圾带到公寓指定的垃圾处理点。每次倒完垃圾后，我们都会清洗垃圾桶，保持卫生。

赞岐明子（东京·右右）

用简笔画帮助孩子快乐地理解垃圾分类

交给幼儿园和学校的可回收垃圾实在太占地方了，不仅要发愁放在哪里，还容易错过带去的时机。于是我在食品储藏区的入口处放了几个宜家的垃圾桶，并按垃圾类别进行划分。因为有了固定的放置地点，当垃圾桶满了就可以直接拿走，感觉非常舒适。我还在桶上手绘了插图作为标识，孩子们现在也可以自己检查并主动拿去学校或回收站。

村田雅实（兵库·右右）

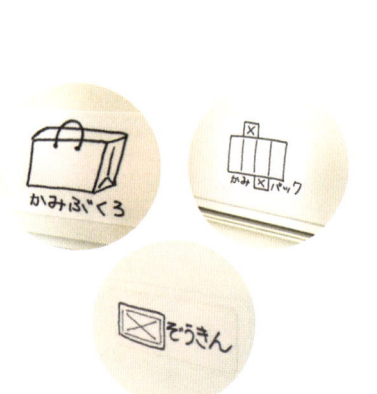

垃圾处理

一个舒适的厨房离不开高效的垃圾管理，这里是一些提高垃圾分类和处理效率的方法。

垃圾袋只在用的时候拿出来

厨房里不设垃圾桶，我用宜家的挂钩将垃圾袋挂在操作台后方。为了避免客厅和餐厅有异味，垃圾装满后会及时拿到室外的垃圾区。垃圾袋刚好不着地，也不会妨碍扫地机器人工作。

井上美佐纪（千叶·左右）

两个盛放厨余垃圾的碗

我在操作台上摆放了两个大小相同的碗。一个套上塑料袋，用来装烹饪过程中的蔬菜残渣等，另一个与同系列的笊篱搭配使用，用于罐子、塑料容器等的沥水。每天结束时，要把这两个碗也清洗干净。

伊藤聪美（爱知·左左）

巧用粘钩，将垃圾桶"一分两用"

很多年前开始实行垃圾分类收集。由于我已经有了一个爱用的垃圾桶，并且对家里日常产生的垃圾量有所了解，所以我在原本使用的垃圾桶里加上挂钩来应对。为了让粘钩看起来比较明显，我又在上面贴了不同颜色的动物贴纸做标记。只要我说一声："往黄色的里面扔。"即使是不识字的小孩也能做好简单的垃圾分类。

鹿野悦子（神奈川·右左）

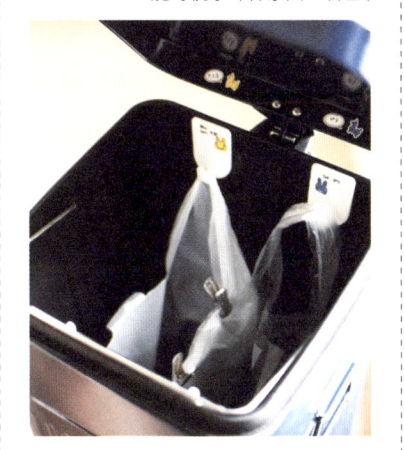

挂个袋子就搞定

一开始是因为清理垃圾桶本身让我感到有压力。想着要是不用打扫就好了！于是，有一段时间我就用塑料袋专用的支架代替，可是只要地面上有东西，就会阻挡吸尘器工作，我就弄了个挂钩，把塑料袋挂在上面了。对我来说，只要省事就是最好的。

会田麻实子（东京·右右）

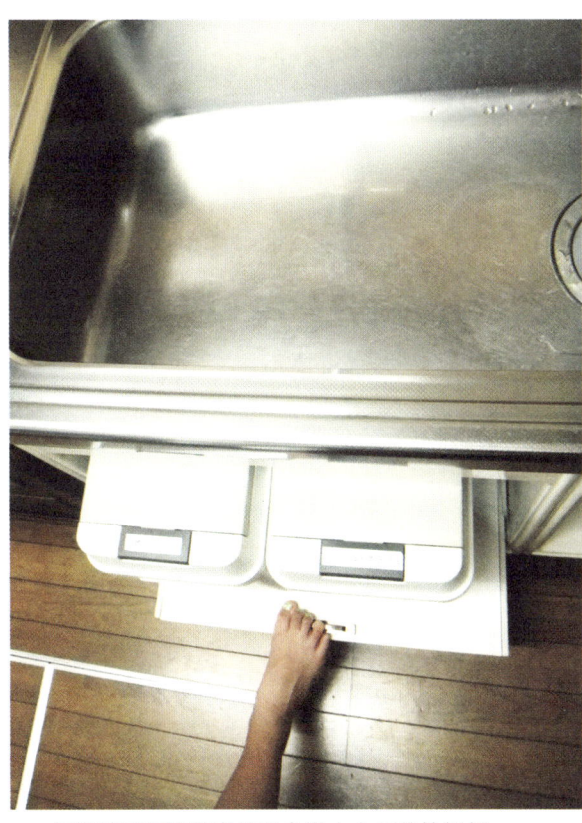

用脚就可以拉出来的适合懒人主妇的垃圾桶

我不喜欢把厨房的垃圾桶露在外面，而是塞在水槽下方。我拆掉了水槽下方的柜门，在底部安装滑轨，并在滑轨面板上装了把手。这样，就可以用脚拉开了！垃圾桶完美隐藏，又可以快速扔垃圾，真是太适合我了。

后藤邦江（埼玉·右右）

107

指定的垃圾袋也采用悬挂式收纳

对于指定的垃圾袋，我采用了一种悬挂式的处理方法：使用打孔器在垃圾袋上打洞，然后用钩子将它们挂起来。关键点是，我并没有使用普通的 S 形钩子，而是用无印良品的横向不易滑落的小钩子。顺便说一下，虽然可以从上面一张张地取下来，但我觉得拉出来更容易取。在我们家，即使是不太常用的 10 L 大小的垃圾袋，也可以通过踩着脚凳，一拉就能取出来。

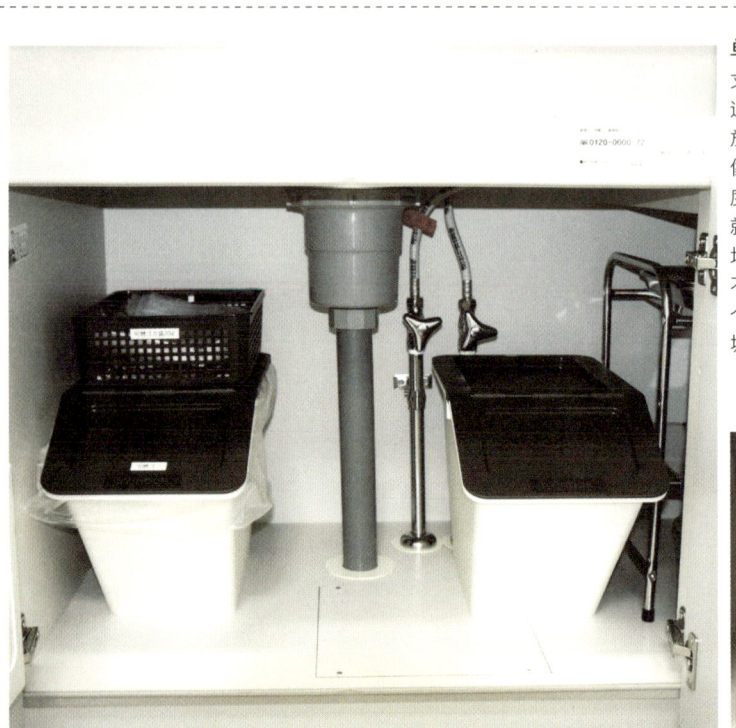

森 麻纪（爱知·右右）

单身公寓，无压力轻松扔垃圾

丈夫长期外派时住的单身公寓，厨房位于通道旁边。为了不影响通行，我把垃圾桶放在水槽下方。垃圾桶是带盖的，看上去像一只大嘴鸟。它的大小和水槽下方的深度非常合适。盖子可以打开并固定，单手就能操作，可整体清洗，方便卫生。厨余垃圾可放入塑料袋中，系好后扔进去，也不会散发异味。另外，垃圾桶上面放了一个同色系的篮子，用于收纳可燃垃圾的垃圾袋。既省时又省心，还避免了浪费。

铃木知子（东京·右右）
丈夫的惯用脑（右右）

"一拉即出"的垃圾桶

在扔垃圾或倒垃圾时，我习惯将垃圾桶拉出来，因此让垃圾桶"一拉即出"尤为重要。可是选择带轮子的，垃圾桶的高度就会增加 5～6 cm，导致上层空间减少，扔垃圾就会变得困难。在底面贴上这种滑行垫，高度不变，但可以更顺滑地拉出，不仅省力，还不会刮伤地面。

木场惠美（埼玉·左右）

简约且型号多样的垃圾桶

我一直想找一个和我家风格一致的简约的小型垃圾桶，可是始终没找到。于是我就选了一些型号合适的无印良品的食品储存箱组合在一起作为垃圾桶。垃圾桶太大就容易塞得满满的，小号的垃圾桶反而有利于提升全家人减少垃圾的意识。哪里弄脏了也方便立刻放到水槽里清洗，比垃圾桶打理起来还轻松。

佐藤美香（神奈川·右左）

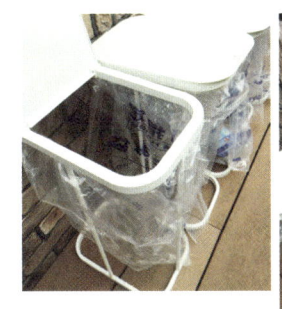

可单手取下垃圾袋的收纳角

我用在百元店买的两根伸缩杆和窗帘挂钩做了一个垃圾袋收纳角。下面的伸缩杆压住了垃圾袋，所以即使从下面单手取垃圾袋，其他的袋子也不会滑落。用喜欢的布料遮盖一下，平时也看不到，替换也很方便。

中村佳子（兵库·左左）

厨房入口处的可回收垃圾角

普通的垃圾桶大多是圆柱形的，如果放入 45 L 的垃圾袋，取出时会很不方便，可是如果不把垃圾袋装得满满的，又觉得浪费。而这款垃圾袋支架（山崎实业 LUCE 分类垃圾袋支架）设计简单，外观好看，能够让我完全利用垃圾袋，我非常满意。我还用贴纸在盖子上标记了垃圾的种类和回收日。

中里裕子（滋贺·左右）

隐藏塑料袋生活感的单色调收纳

厨房的消耗品、超市的塑料袋还有排水口的一次性滤网，都是富有生活感的存在。我不喜欢这种生活感，于是就用自己很喜欢的单色调的收纳盒来收纳它们。即使是这样小的地方，只要融入自己喜欢的元素，每次打开抽屉都会感到开心，日常的家务也变得愉快起来。

中岛弘美（山形·左左）

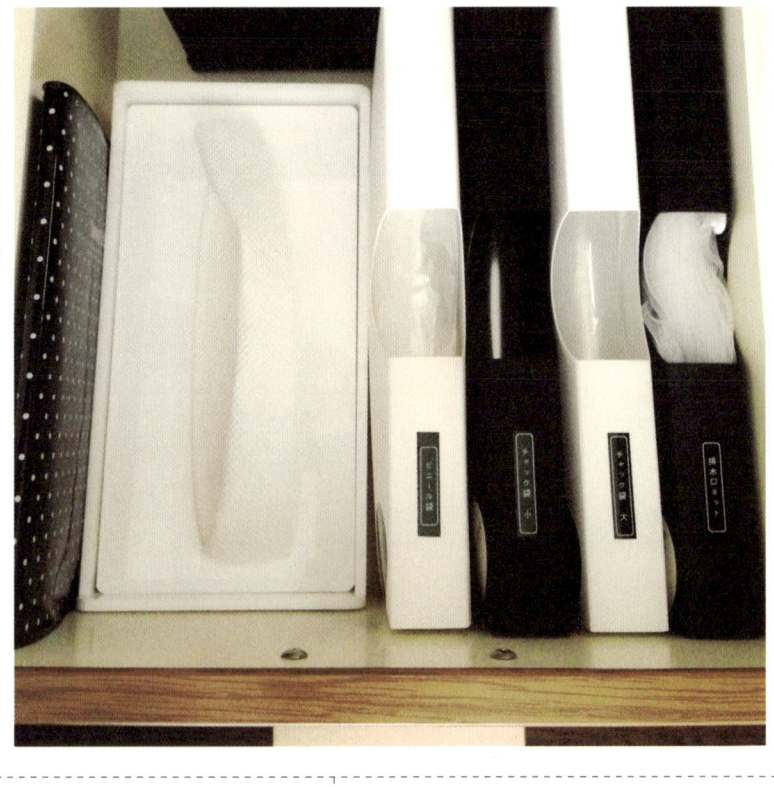

轻松卷起、随手一扔即可的超市塑料袋收纳

塑料袋用起来确实很方便，但我实在做不到把它们折成整整齐齐的三角形。我的做法是把它们随意卷一卷，然后扔进盒子里，一旦盒子满了，就是该清理的时候了。这样，我就不会无休止地积攒塑料袋了。通过设定这样的规则，塑料袋就不会在家里泛滥。丈夫也会跟着我这样做，卷起塑料袋然后随手扔进盒子里。

新仓晓子（东京·右左）

塑料袋和保鲜袋等

如何将各种各样的袋子收拾干净？

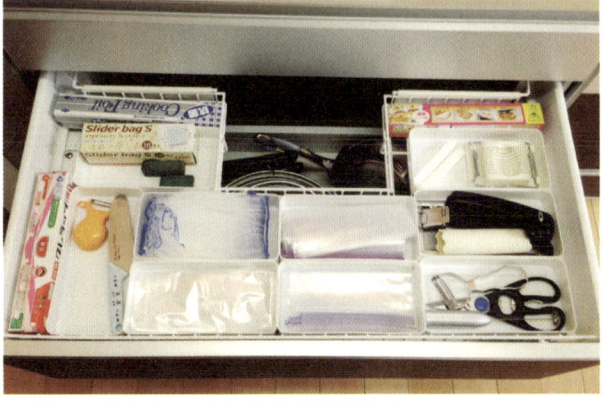

湿着手也能轻松取出保鲜袋的收纳方法

拉链式保鲜袋一般做饭时用得比较多，如果湿着手去拿，很容易把纸盒也弄湿弄脏。我想："要是没有盒子不就好了！"于是我把它们从纸盒里拿出来，改用大创的黏土盒来收纳。按保鲜袋的种类分开放置，放在水槽下方的浅抽屉里。这样一眼就能看清楚，即使手湿着也能轻松取出，真是让人豁然开朗！

村田雅实（兵库·右右）

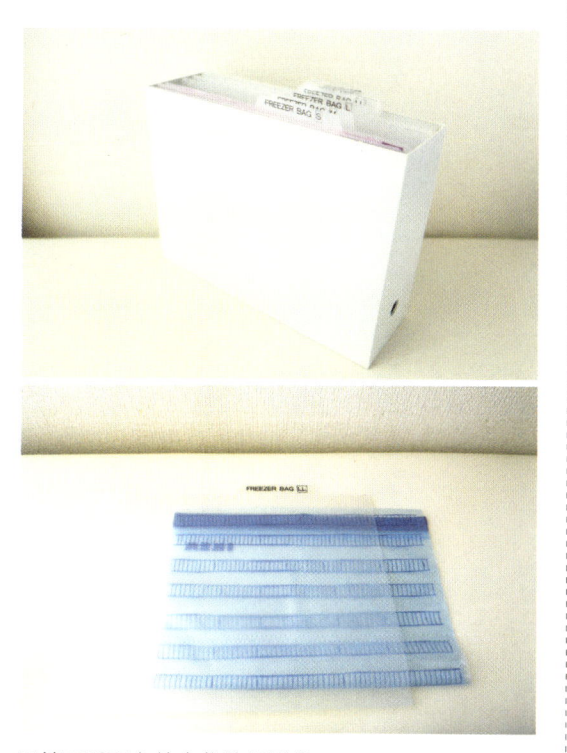

用单页透明文件夹收纳保鲜袋

我们家采用了一种简单的方法来收纳保鲜袋：使用单页透明文件夹。我们不再将保鲜袋随意放入盒子，因为这样不仅容易一次取出一大堆，还可能不小心把盒子扯破。我们将不同型号的保鲜袋、沥水网等水槽周边常用的物品，用文件夹夹好，整齐地放入文件盒中。PP材质的文件夹即使放在水槽附近也不用担心弄湿。更换时只需快速夹入文件夹，使用时也能迅速取出，这样的收纳方式让我感到轻松自在，完全从烦恼中解脱出来。

井手本亚西（广岛·右左）

家里每个人都能轻松快速地扔垃圾

我们将从超市带回的塑料袋一个个叠好并收纳，这样既美观又方便取用。在有空闲和心情时叠放并不觉得麻烦。如果没时间叠，就直接将它们放在指定的位置，也不会感到有压力。一些不易叠放的袋子，通常会将它们卷起来，塞在垃圾桶底部，方便下次使用。这样做之后，家里的每个人都能轻松地为垃圾桶换上新的塑料袋，并做好扔垃圾的准备，包括偶尔来访的双方父母也能轻松上手。

田中知津子（神奈川·右左）

无须拉出即可取用的保鲜膜&库存管理

我在厨房背面的储藏室放了一个无印良品的收纳盒。上部的抽屉被我卸下来，用来存放保鲜膜、铝箔纸和烹饪纸，这样一打开门就能立刻取用。下部的抽屉里则存放着塑料袋等物品。在收纳盒的侧面，我分别放置了一卷卷的保鲜膜，一旦用完就立即补充，这样做既防止过量购买，也方便库存管理。

"唰"一下就可以拉出来，让我的扫除充满了力量

我在百元店买了拉链式开合且侧边有孔的文件盒。我把厚纸板作为轴心，将对折后的垃圾袋和一次性过滤网叠在厚纸板上，分别放入文件盒中，立着放置。它们立在文件盒里，就不会倒了。这样一来，只要拉开抽屉，就可以从文件盒的孔中直接把袋子抽出来，非常方便。清洁工具也放在旁边，每天更换滤网时也会顺便打扫，保持排水处的清洁。

下村佐奈美（神奈川·右左）

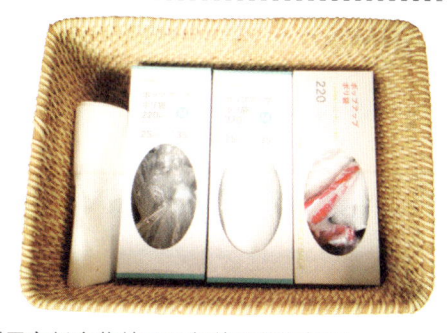

利用空纸盒收纳可重复使用的塑料袋

家里堆积了许多用过的透明塑料袋。为了收纳二次利用的袋子，我把原本用来收纳新塑料袋的空纸盒拿出来用了。把塑料袋团成团往盒子里一塞就好，而且可以放很多，溢出来的部分便不再保存直接处理掉。我一共分出3个纸盒，分别收纳重复使用的透明塑料袋、新的塑料袋以及重复使用的10L的购物袋。

伊藤聪美（爱知·左左）

悬挂晾干——这是最清爽的干燥方式

洗餐具用的海绵擦，使用后冲洗干净并彻底拧干，然后悬挂晾干。我用夹子把海绵擦晾在厨房窗户上的伸缩杆上，像挂衣服一样。因为靠近窗户，通风良好，所以能快速晾干。清洁剂在海绵擦下方，这样能缩短洗碗的动线。

鹿野悦子（神奈川·右左）

利用空间死角放置厨房纸巾

我把厨房纸巾用伸缩杆挂在吊柜下面的凹陷处，这里是通常不会被利用的空间死角。纸巾恰好在厨房操作台的正上方，要用时手一伸就能够到，非常方便。由于这个凹陷的设计，纸巾不会从厨房柜台露出来，看起来十分整洁。

原田广美（兵库·右左）

让不擅长的厨房清洁也带着"心动"

我不擅长打扫。但是，对于每天使用的厨房，清洁是不可避免的。那么，至少让这个过程变得有趣一些……因此，我特别喜欢使用可爱的心形海绵。每次使用时，它的可爱都会让我心动，即使是在做我不擅长的清洁工作，也能感受到乐趣。

中岛弘美（山形·左左）

杂物收纳

小细节带来大轻松。

清洁工具套装

家里的扫除工具都统一放在洗碗机下面的抽屉里。找一个俯视容易看到的位置贴上标签。喷壶是无印良品的，铝盖容器来自西莉亚（Seria）。

井上美佐纪（千叶·左右）

看不见会忘记，但太显眼也不好
孩子们的年度校历、笔记本使用说明、年度活动日历和值班表等，为了方便查看，统一张贴在水槽上方的柜门内侧。

鹿野悦子（神奈川·右左）

菜谱等纸质资料

做饭或整理时，湿着手也不怕。

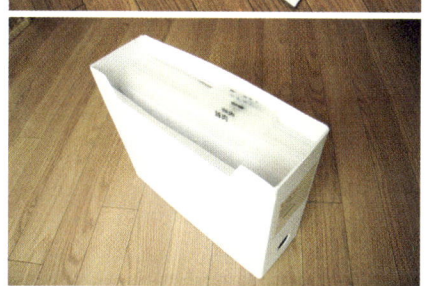

收集经典菜谱的文件盒
我把家里的经典菜谱按照"牛肉""猪肉"和"鱼类"等自己容易理解的关键词，分别放入单独的文件夹，并收纳在文件盒中。经常做的食谱和"将来想尝试的食谱"分开存放，便于查找。用分页的塑料文件夹收纳，即便做饭的时候手是湿的，也不怕把纸弄脏。虽然我最擅长的"鱼类"菜式比较少，不过我也在有意识地增加，以保证菜单的营养均衡。

甲斐祐子（佐贺·右右）

在小空间内管理3人份的学校资料
我不仅把3个孩子的学校资料集中起来管理，还把它们都悬挂起来，这样即便湿着手也可以两面都确认到。挂在冰箱的侧面看着也整洁。不仅可以再次确认携带物品和计划，而且在早上提醒孩子们时也非常有用。在孩子们说"我出发了"之前，我会说："今天有××哦！"这样孩子们也会露出微笑。

北村惠美（千叶·右右）

折叠式沥水架

用于清洗、沥干餐具和根茎类蔬菜，或在煮熟的蔬菜冷却时将笊篱放在上面。只要搭在水槽上即可，适用于所有厨房。设计简单，使用后立起来晾干即可，非常好打理。不用的时候卷起来也不占地方。

江口彰子（爱知·右右）

好用的工具

深受生活管理师喜欢的"让厨房变快乐的"人气好物。

刨丝器

用来擦生姜几乎不会留下任何纤维，擦好的生姜也非常干净漂亮。同样，用来擦帕尔梅森奶酪时，也能擦出松软细腻的碎末。用海绵刷碗布一刷即可，真是又好打理又好用。

大竹美香子（神奈川·左右）

方形收纳盒

选择保存容器的基本条件就是可视化！这个条件是我在经历了多次食物过期变质的痛苦之后总结出来的。而且，这些容器的设计既实用又符合量产标准，让我非常满意。方形的容器可以叠放，节省空间。我现在特别喜欢白色的款式，强烈推荐给大家。

铃木尚子（神奈川·右右）

按压式收纳盒
这款容器最大的优势就是单手即可打开。做饭的时候经常会弄脏一只手,所以不用每次都洗手就能快速打开,非常方便。可以叠放,透明的盒体一眼就能知道里面装的是什么。

小竹三世(富山·左右)

硅胶铲
兼具汤勺和木铲的优点,可用于浇汁、炒菜、炖菜等,简直是万能的厨房铲。不必担心浓郁的番茄酱会使其染色,也不会划伤锅碗瓢盆。外观简约美观,为厨房增添了几分生活气息。

松林奈萌子(千叶·左右)

高品质起泡式清洁网
因为它是黑色的,所以不容易显脏,不仅能够清除餐具上的污渍,清洁网自身也非常好清洗。质地不是很厚,手感很好,用起来非常称手。而且它还是一款性价比很高的清洁网。

森麻纪(爱知·右右)

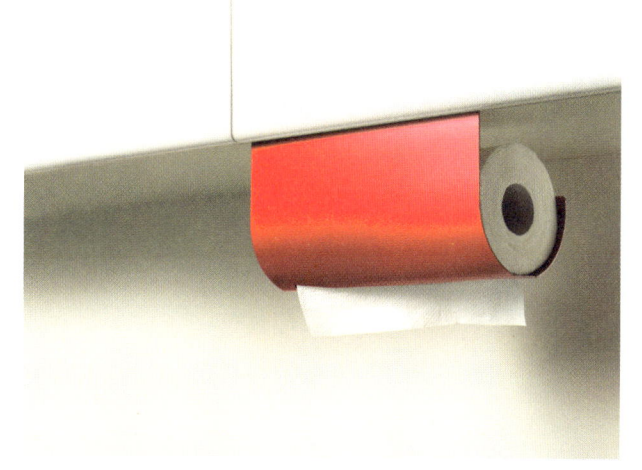

厨房纸巾架
在没用使用这款纸巾架之前,我家的厨房纸巾很占地方,还容易落灰,让我一直很纠结。而这一款干净简约的厨房纸巾架彻底解决了我的心头大患!切口的部分做得很用心,单手就能扯下来,一点也不耽误做菜。

大滝爱弓(新潟·左右)

指尖夹
无缝的不锈钢材质,易于清洁。夹子的尖头部分可以轻松夹起一片片的涮肉或生火腿。用它给油炸食品裹面糊时也不会弄脏手,超级好用。

木村佳子(大阪·左右)

115

实用小妙招

生活管理师亲身实践，轻松好用的小妙招。

自备环保购物袋节省时间

在超市购物时，意外地花费时间的是结账后的"装袋"工作。如果能够在结账时请店员帮忙将购买的商品直接装入自带的环保购物袋中，就可以省去自己重新装袋的麻烦，直接提回家。而且自备购物袋，不仅省钱，也更加环保。

吉本雅代（埼玉·左右）

跟居酒屋学的简易料理

居酒屋的菜单是简单料理的绝佳例子。以凉拌豆腐、毛豆和魔芋丝为首，番茄、黄瓜只需简单切一下，土豆、南瓜、根菜和叶菜只需简单煮一下。所有蔬菜、肉类和海鲜只需用烤架简单烤制。用你喜爱的盐、酱油或优质调味料轻松调味即可。孩子们可以了解食材的原味，这也有助于他们的饮食教育，一举两得。

托摩美由纪（熊本·右左）

自制预制菜，冷冻大作战

在孩子还小或者像现在这样工作特别忙的时候，我几乎没有时间做饭。因此，我会在休息日多做一些，然后冷冻保存。比如咖喱、肉酱、淋饭（一种日本盖浇饭），我都会做双倍的量，把多余的部分放进冰箱冷冻。就连做便当用的炖羊栖菜和煎鸡蛋，我也会提前做好并冷冻。即使再忙，我也尽量不依赖外卖和速食。无论如何，我都希望家人能吃到我亲手做的饭菜，这就是我的"冷冻大作战"。

麻衣真理（东京·右左）

用处多多的烤鱼架

在空间有限的厨房里，烤鱼架在我们家也得到了充分利用。如果在烤鱼架上铺上厨房用纸，它就可以变成一个抽拉式沥油器，它还可以直接放在炸锅旁边沥油，烹饪完成后只要冲一下就可以了。

新仓晓子（东京·右左）

用章鱼烧粉快速油炸食物

我们家是双职工家庭，平日的晚餐就是和时间赛跑。我们用剩余的章鱼烧粉代替盐、辣椒、小麦粉和鸡蛋。将章鱼烧粉调成糊状，然后沾上肉、虾等食材，裹上面包粉后油炸。炸好的食物，先放在铺了厨房纸巾的章鱼烧烤盘上，以沥去多余的油。

木村佳子（大阪·左右）

一次准备，两次美味

我不会一次性用完所有准备好的食材，而是将其中一半留到第二天做另一道菜。例如，如果我把黄瓜切成薄片并用盐腌制，我会将它们分成两部分：第一天用来做土豆沙拉，剩下的部分则保存在密封容器中，次日与海带一起做成醋拌菜。一次准备就能享受两道不同的菜肴，而且一天内能吃到的菜品种类也增加了，真是一举两得。

尾崎千秋（东京·左左）

随时都能享受的家庭烘焙

家庭烘焙中最麻烦的就是称量食材。因此，我会提前将已称量好的食材（不包括酵母）放入塑料袋中，制作几个"面团种子"，并将其冷藏保存。当我想烤面包时，只需将"面团种子"和水、酵母混合，准备工作就完成了。即使很忙，即使没有时间，只要提前完成称量工作，之后的操作就变得简单又轻松！

洗碗机要充分利用起来

洗碗机不仅可以用来洗餐具，还超级适合清洗凹凸不平的小物件。沥水篮、餐具架、砧板架、排风扇过滤器、牙刷架和肥皂盒等。只要是耐热性高的物品都可以直接放到里面洗。这样既省去了许多麻烦，又能很好地去除油脂和污垢，让这些小物件变得闪闪发亮。

北村惠美（千叶·右右）

购物技巧 1：准备 3 种环保购物袋

购买食材后，回家收拾它们时总是觉得麻烦。我受到了母亲分区存放食材的启发，准备了 3 种环保购物袋。①带保冷功能的，用于冷藏和冷冻食品；②用于蔬菜和水果；③用于袋装和罐装等常温食品。回家后，无须考虑，只需按照①→②→③的顺序收拾，紧急情况下也可以告诉家人"只收拾①就行了"。

购物技巧 2：使用双层购物车

把食材分别放入 3 种环保购物袋分类收纳之前，我会在购物车中放两个篮子。在购物车的上层，我会放入②蔬菜和水果，在下层放入①和③冷藏和常温的物品，从购物时就开始分开放。在收银台结账时，我会按照从上到下的顺序。在结算下层商品时，我会把已经结账的上层商品放入环保购物袋②中，这样可以节省时间并让回家后的流程更加顺畅。

保鲜袋冷冻保存

我发现重复使用的食材保鲜袋不易干透，而且会让厨房显得凌乱。为了解决这个问题，我采取了一个新方法：清洗后只擦干袋子的外部，然后直接放入冷冻室保存。这样厨房也干净了，使用的时候只要将里面冻结的水滴擦拭干净即可立刻使用，简单又方便。保鲜袋的使用难度瞬间降低。

大山结望（东京·右右）

用马铃薯淀粉清洗烧烤架

在 300 ml 的水中加入 4 大勺淀粉，搅拌均匀，然后倒入烤盘中，铺在烤架上，接着像平常烤鱼那样设置并打开烤箱烤制。待烤箱运行结束，烤架冷却后，淀粉会凝固成形，轻轻一揭就能脱落。之后，再用清洁剂彻底冲洗。这样，手和海绵擦都不会沾染上异味。最重要的是，轻轻一揭就能迅速脱落的过程令人非常满足，清洗烧烤架变得不再痛苦。

木村美雪（爱知·左右）

减轻烤鱼后烤鱼架异味的方法

因为不喝不喜欢的红茶，所以开发了它的其他用途。在烤盘上放入水和茶叶。在烤鱼的过程中，茶叶会受热散发香气，从而减轻鱼的腥味。可以使用绿茶、日本茶、草本茶等。难点是浅色的烤盘可能会被红茶染色。

熊谷智子（京都·右左）

图书在版编目（CIP）数据

厨房是家的心脏 / （日）铃木尚子编 ; 魏夕然译. -- 北京 : 北京联合出版公司, 2025. 6. -- ISBN 978-7-5596-8395-3

Ⅰ. TS972.3

中国国家版本馆CIP数据核字第2025UC6085号

LIFE ORGANIZER NI YORU KOKOCHIYOI JINSEI O OKURU TAME NO KURASHIKATA
100% REAL KITCHEN
©KADOKAWA CORPORATION 2015
First published in Japan in 2015 by KADOKAWA CORPORATION, Tokyo.
Simplified Chinese translation rights arranged with KADOKAWA CORPORATION, Tokyo
through BARDON-CHINESE MEDIA AGENCY.

本书中文简体版权归属于银杏树下（上海）图书有限责任公司

北京市版权局著作权合同登记　图字：01-2025-1419

厨房是家的心脏

著　　者：[日]铃木尚子
译　　者：魏夕然
出 品 人：赵红仕
选题策划：银杏树下
出版统筹：吴兴元
编辑统筹：王　頔
责任编辑：牛炜征
特约编辑：王　瑶
营销推广：ONEBOOK
装帧制造：墨白空间·陈威伸

北京联合出版公司出版
（北京市西城区德外大街83号楼9层　100088）
后浪出版咨询（北京）有限责任公司发行
河北中科印刷科技发展有限公司印刷　新华书店经销
字数85千字　778毫米×1092毫米　1/16　8.25印张
2025年6月第1版　2025年6月第1次印刷
ISBN 978-7-5596-8395-3
定价：68.00元

后浪出版咨询(北京)有限责任公司　版权所有，侵权必究
投诉信箱：editor@hinabook.com　fawu@hinabook.com
未经书面许可，不得以任何方式转载、复制、翻印本书部分或全部内容。
本书若有印、装质量问题，请与本公司联系调换，电话010-64072833